中华烹饪古籍经典藏书

云林堂饮食制度集

饮食绅言

（饮食部分）

［元］倪　瓒　撰
［明］龙遵叙

中国商业出版社

图书在版编目（ＣＩＰ）数据

云林堂饮食制度集 /（元）倪瓒撰 . 饮食绅言：饮食部分 /（明）龙遵叙撰 . -- 北京：中国商业出版社，2022. 10

ISBN 978-7-5208-2228-2

Ⅰ . ①云… ②饮… Ⅱ . ①倪… ②龙… Ⅲ . ①饮食—制度—中国—元代②饮食—文化—中国—明代 Ⅳ . ① TS971.2

中国版本图书馆 CIP 数据核字（2022）第 171634 号

责任编辑：郑　静

中国商业出版社出版发行

（www.zgsycb.com　100053　北京广安门内报国寺 1 号）

总编室：010-63180647　编辑室：010-83118925

发行部：010-83120835/8286

新华书店经销

唐山嘉德印刷有限公司印刷

*

710 毫米 ×1000 毫米　16 开　7.25 印张　70 千字

2022 年 10 月第 1 版　2022 年 10 月第 1 次印刷

定价：49.00 元

＊＊＊＊

（如有印装质量问题可更换）

中华烹饪古籍经典藏书
指导委员会
（排名不分先后）

委　员

林百浚	闫　囡	杨英勋	尹亲林	彭正康	兰明路
胡　洁	孟连军	马震建	熊望斌	王云璋	梁永军
唐　松	于德江	陈　明	张陆占	张　文	王少刚
杨朝辉	赵家旺	史国旗	向正林	王国政	陈　光
邓振鸿	刘　星	邸春生	谭学文	王　程	李　宇
李金辉	范玖炘	孙　磊	高　明	刘　龙	吕振宁
孔德龙	吴　疆	张　虎	牛楚轩	寇卫华	刘彧弢
王　位	吴　超	侯　涛	赵海军	刘晓燕	孟凡宇
佟　彤	皮玉明	高　岩	毕　龙	任　刚	林　清
刘忠丽	刘洪生	赵　林	曹　勇	田张鹏	阴　彬
马东宏	张富岩	王利民	寇卫忠	王月强	俞晓华
张　慧	刘清海	李欣新	王东杰	渠永涛	蔡元斌
刘业福	王德朋	王中伟	王延龙	孙家涛	郭　杰
张万忠	种　俊	李晓明	金成稳	马　睿	乔　博

《云林堂饮食制度集·饮食绅言(饮食部分)》
工作团队

统 筹

刘万庆

注 释

邱庞同　陈光文　刘　晨　夏金龙　刘义春

译 文

邱庞同　陈光文　刘　晨　夏金龙　刘义春

审 校

王利器　刘　晨

编 务

辛　鑫

中国烹饪古籍丛刊
出版说明

国务院一九八一年十二月十日发出的《关于恢复古籍整理出版规划小组的通知》中指出：古籍整理出版工作"对中华民族文化的继承和发扬，对青年进行传统文化教育，有极大的重要性"。根据这一精神，我们着手整理出版这部丛刊。

我国的烹饪技术，是一份至为珍贵的文化遗产。历代古籍中有大量饮食烹饪方面的著述，春秋战国以来，有名的食单、食谱、食经、食疗经方、饮食史录、饮食掌故等著述不下百种，散见于各种丛书、类书及名家诗文集的材料，更是不胜枚举。为此，发掘、整理、取其精华，运用现代科学加以总结提高，使之更好地为人民生活服务，是很有意义的。

为了方便读者阅读，我们对原书加了一些注释，并把部分文言文译成现代汉语。这些古籍难免杂有不符合现代科学的东西，但是为尽量保持其原貌原意，译注时基本上未加改动；有的地方作了必要的说明。希望读者本着"取其精华，去其糟粕"的精神用以参考。

编者水平有限，错误之处，请读者随时指正，以便修订和完善。

中国商业出版社

1982 年 3 月

出版说明

20世纪80年代初，我社根据国务院《关于恢复古籍整理出版规划小组的通知》精神，组织了当时全国优秀的专家学者，整理出版了"中国烹饪古籍丛刊"。这一丛刊出版工作陆续进行了12年，先后整理、出版了36册。这一丛刊的出版发行奠定了我社中华烹饪古籍出版工作的基础，为烹饪古籍出版解决了工作思路、选题范围、内容标准等一系列根本问题。但是囿于当时条件所限，从纸张、版式、体例上都有很大的改善余地。

党的十九大明确提出："深入挖掘中华优秀传统文化蕴含的思想观念、人文精神、道德规范，结合时代要求继承创新，让中华文化展现出永久魅力和时代风采。"做好古籍出版工作，把我国宝贵的文化遗产保护好、传承好、发展好，对赓续中华文脉、弘扬民族精神、增强国家文化软实力、建设社会主义文化强国具有重要意义。中华烹饪文化作为中华优秀传统文化的重要组成部分必须大力加以弘扬和发展。我社作为文化的传播者，坚决响应党和国家的号召，以传播中华烹饪传统文化为己任，高举起文化自信的大旗。因此，我社经过慎重研究，重新系统、全面地梳理中华烹饪古籍，将已经发现的 150 余种烹饪古籍分 40 册予以出版，即这套全新的"中华烹饪古籍经典藏书"。

此套丛书在前版基础上有所创新，版式设计、编排体例更便于各类读者阅读使用，除根据前版重新完善了标点、注释之外，补齐了白话翻译。对古籍中与烹饪文化关系不十分紧密或可作为另一专业研究的内容，例如制酒、饮茶、药方等进行了调整。由于年代久远，古籍中难免有一些不符合现代饮食科学的内容和包含有现行法律法规所保护的禁止食用的动植物等食材，为最大限度地保持古籍原貌，我们未做改动，希望读者在阅读过程中能够"取其精华、去其糟粕"，加以辨别、区分。

我国的烹饪技术，是一份至为珍贵的文化遗产。历代古籍中留下大量有关饮食、烹饪方面的著述，春秋战国以来，有名的食单、食谱、食经、食疗经方、饮食史录、饮食掌故等著述屡不绝书，散见于诗文之中的材料更是不胜枚举。由于编者水平所限，书中难免有错讹之处，欢迎大家批评指正，以便我们在今后的出版工作中加以修订和完善。

中国商业出版社

2022 年 8 月

本书简介

此书是由《云林堂饮食制度集》与《饮食绅言（饮食部分）》合编而成的。

一、《云林堂饮食制度集》

本书为元代倪瓒所撰。倪瓒（公元1301—1374年），字元镇，号云林子。别号有幻霞子、沧浪漫士、倪迂等；因其居处是周代的句吴，所以又号句吴倪瓒，此外还自号荆蛮民、海岳居士等。

倪瓒生于无锡城东南约二十里的梅里祇陀村。其家豪富，他本人也是一个大地主兼大商人。在元朝末年，由于预感到农民起义即将爆发，他"忽尽鬻其家产，得钱尽推与知旧，人皆窃笑。及兵兴，富家尽被剽掠，元镇扁舟箬笠，往来湖泖间，人始服其识"（《列朝诗集小传》）。后来，他便带着家眷，扁舟往来于太湖和三泖之间，过着隐士生活，一直到死。

倪瓒为著名的元末四大画家之一，擅长描绘江南平原景色，作品多用水墨作成。由于他把中国画的笔墨技巧推到了一个新阶段，因而在中国美术史上具有较大的影响。

倪瓒家中有叫"云林堂"的建筑，故他编著的这本菜谱叫《云林堂饮食制度集》。

《云林堂饮食制度集》载《碧琳琅馆丛书·丙部》《芋园丛书·子部》等，这里采用的是北京图书馆特藏书室所珍藏的清初毛氏汲古阁抄本。

除"灰法""洗砚法"外，《云林堂饮食制度集》中共记载了约五十种菜点、饮料的制法。部分地反映了元代苏南无锡一带的饮食风貌。其中，有不少菜如"烧鹅""蜜酿蝤蛑""煮麸干法""雪盦菜""青虾卷爓"等都是做得比较精致的，在烹饪史上颇有影响。清代文学家袁枚在《随园食单》中曾把前代的烹饪著作贬得很低："若夫《说郛》所载饮食之书三十余种，眉公（指陈继儒）、笠翁（指李渔）亦有陈言，曾亲试之，皆阏于鼻而蜇于口，大半陋儒附会，吾无取焉。"然而，在《随园食单》中，他却收录了倪瓒的"烧鹅"，并名之曰"云林鹅"。此外，日本羽仓则的《养小录》中也将"烧鹅"收入。可见这道菜确实是独具风味，引人入胜，而驰名中外了。"蜜酿蝤蛑"也很有特色，如今的苏式名菜"芙蓉蟹斗"（一名"雪花蟹斗"）正是在其基础上发展起来的。姚咨在《后记》中说，《云林堂饮食制度集》中所收的菜肴"烹饪和滽""蔬素尤良"，我们认为还是中肯的。

美中不足的是，该书编排得稍乱一些，酱油、菜、面点、饮料，忽前忽后，无一定顺序；错字也不少；还掺进了与饮食无关的内容。估计有些缺点是前人在转抄的过程中产生的。

尽管如此，《云林堂饮食制度集》仍不失为一部有价值的烹饪著作，对我们研究元代苏南的烹饪技术是大有裨益的。

二、《饮食绅言（饮食部分）》

本书由龙遵叙撰。作者生平不详。本书是明代陈继儒所辑刊的《宝颜堂秘笈》丛书中的一种，是明代一部分士大夫饮食思想的反映。书中论述了"识食"和"智识"的观点，指出了奢侈给社会风尚带来的恶劣影响和后果，很值得后人借鉴。这一部分是根据1922年上海文明书局石印本标点、注释、译文的。

中国商业出版社

2022年6月

目 录

饮食绅言（饮食部分）

云林堂饮食制度集

〔元〕倪 瓒 撰

邱庞同 注释 / 译文

刘 晨

夏金龙 审校

刘义春

酱油法

每黄子^①一官斗，用盐十斤，足秤；水廿斤^②，足秤。下之须伏日^③，合下^④。

【译】每用一官斗黄子，用十斤盐，分量要达到足秤；二十斤水，分量也要达到足秤。必须要在伏天将它们放入（缸中），（黄子、盐、水）一齐下。

煮面

如午间要吃，清早用盐水搜^⑤面团，捈^⑥三二十次，以物覆之^⑦。少顷^⑧，又捈团如前。如此团捈数四。真粉细末^⑨，捍切^⑩。煮法，沸汤内搅动下面，沸透，住火，方盖定。再

---

① 黄子：豆饼上黄后捣碎。

② 廿（niàn）斤：二十斤。

③ 伏日：伏天。

④ 合下：指黄子、盐、水一齐下。

⑤ 搜：这里为"和"的意思。一般作"溲"。

⑥ 捈：按、揉的意思。

⑦ 以物覆之：用东西将面团盖上。让面"饧"一下。

⑧ 少顷：过一会儿。

⑨ 真粉细末：擀面时撒用，以防面粘连。真粉，指好的淀粉。

⑩ 捍切：将面擀薄，再切成条状。捍，这里通"擀"。

烧，略沸，便捞入汁①。

【译】如果是在中午吃，（那么）清早就要用盐水和面，和成面团，按、揉二三十次，用东西将面团盖上，让面饧一下。过一会儿，又像第一次那样将面团按、揉二三十次。这样一共将面团揉了饧、饧了揉，共四遍。然后撒好的淀粉细末在板上，将面团擀薄，切成条状。煮面条的方法是：将锅内的水烧得滚开，用东西将开水打搅得旋转起来，然后再下面条，等水开透，停火，才能盖上锅盖。然后再烧火，等水稍微有些滚，就可以将面条捞出来，放入预先准备好的汤汁之中。

沈香束

檀②、暂③、藿④，作末。入原蚕蛾雄不对者⑤，晒干，一分，麝香少许，用鹅梨⑥汁作饼。阴焚之⑦。

---

① 汁：卤汁或好的汤汁。

② 檀：檀香。

③ 暂："暂"疑"栈"音近之误，栈香。

④ 藿：藿香。

⑤ 雄不对者：指未曾交配过的雄蚕蛾。

⑥ 鹅梨：鸭梨。

⑦ 阴焚之：在阴凉干燥处把它点燃。

【译】取用檀香、栈香、藿香，一并碾成细末。再加入一份晒干的未曾交配过的雄蚕蛾，以及极少量的麝香，用鸭梨的汁水将它们调和，做成饼状。（用时）在阴凉干燥处把它点燃。

蜜酿蝤蛑①

盐水略煮②，才色变便捞起。擘开③，螯脚出肉④，股剁作小块。先将上件排在壳内，以蜜少许入鸡蛋内搅匀，浇遍⑤，次以膏腴⑥铺鸡蛋上蒸之。鸡蛋才干凝便啖⑦，不可蒸过。橙齑、醋供⑧。

【译】将梭子蟹用盐水稍微煮一煮，梭子蟹的颜色一变就捞出来。用手将蟹分开，将它的大钳及脚中的肉取出，股肉斩成小块。先将上述的这些东西铺在蟹壳之中，用少量的蜂蜜加入鸡蛋中搅和均匀，将蛋糊遍浇在蟹壳所盛放的蟹肉

---

① 蝤（yóu）蛑（móu）：梭子蟹。

② 煮：指煮梭子蟹。

③ 擘（bāi）开：用手将梭子蟹分开。

④ 螯（áo）脚出肉：将梭子蟹大钳及脚中的肉取出。螯，螃蟹的大钳。

⑤ 浇遍：用蜜调成的蛋糊遍浇在梭子蟹壳中所盛放的蟹肉上。

⑥ 膏腴：肥脂，肥油。

⑦ 啖（dàn）：吃。

⑧ 橙齑（jī）、醋供：用橙齑、醋供食。橙齑，捣碎的橙皮。用橙齑、醋伴食蟹，可以驱寒解腥，增加蟹的鲜美。

之上，再用肥脂铺在鸡蛋糊上，然后上笼蒸。等鸡蛋糊刚刚凝固起来就可以吃了，不能蒸过头。食用时，可以供上放橙齑、醋的碟子，以便蘸食。

煮蟹法

用生姜、紫苏、桂皮、盐同煮。才火沸透便翻①，再一大沸透便啖。凡煮蟹，旋煮旋啖②则佳，以一人为率③，只可煮二只，啖已再煮、捣橙齑、醋供。

【译】（煮螃蟹的时候）要放生姜、紫苏、桂皮、盐一同煮。刚刚用大火烧得滚透了，就要将螃蟹翻一个身。再烧得大滚透了，就可以吃了。大凡煮螃蟹，现煮现吃最妙，以一人为例，只可以先煮两只吃，等吃完了再煮。食用时，要捣制橙齑和醋供食。

酒煮蟹法

用蟹洗净，生带壳剁作两段。次擘开壳，以股剁作小块，壳亦剁作小块，脚只用向上一段，螯擘开，葱、椒、纯

---

① 翻：将蟹翻一个身。

② 旋煮旋啖：现煮现吃的意思。

③ 为率：为例。率，这里为榜样的意思。

酒，入盐少许，于砂锡器中重汤①顿②熟。唼之不用醋供③。

【译】取用螃蟹，将其洗干净，趁其活的时候连壳剁作两段。然后用手将螃蟹的壳分开，将蟹大腿斩作小块，蟹壳也斩成小块，蟹脚爪只用上面（粗的）一段，蟹的大钳分开，放老葱、花椒、纯酒，再放少量的盐，在砂器或者锡器中隔水炖熟。吃这种"酒炖蟹"的时候不要用醋。

煮馄饨

细切肉燥子④，入笋米⑤，或茭白、韭菜、藤花皆可。以川椒、杏仁酱少许和匀。裹之⑥。皮子⑦略厚、小，切方。再以真粉末擀薄用。下汤煮时，用极沸汤⑧打转下之⑨。不要盖。待浮便起⑩，不可再搅。馅中不可用砂仁，用只嗳气⑪。

① 重汤：隔水蒸炖。

② 顿：这里是炖的意思。

③ 唼之不用醋供：吃"酒炖蟹"时不需要放醋。

④ 肉燥子：亦作"肉臊子"，细肉丁，作馅心之用。

⑤ 笋米：像米粒般大小的笋丁。

⑥ 裹之：指馅心调拌好后，便可以用以包馄饨了。

⑦ 皮子：馄饨皮子。

⑧ 极沸汤：滚开的水。

⑨ 打转下之：将锅中的水搅得旋转起来，然后再下馄饨，以防粘连。

⑩ 待浮便起：等到馄饨浮出水面，便可捞起食用。

⑪ 嗳（ǎi）气：打嗝儿。

【译】（制作馄饨馅料的方法是）将肉切成细丁，加入米粒大小的笋丁，或者用茭白丁、韭菜末、藤花末都可以。用少量的川椒、杏仁酱拌和均匀。（馅心制作好了以后）便可以用以包馄饨了。馄饨皮子开始可以擀得厚一点、小一点，切成方块。然后再撒上好的淀粉把皮子擀薄以后用。馄饨包好后下开水煮时，要先将水烧得滚开，并将水搅得旋转起来，然后再下馄饨（以防粘连）。不要盖锅盖。等馄饨浮出水面，便可以捞起食用，不能再搅动锅中的水。（还必须注意的是）馅料中不能用砂仁，如果用了，吃了的人就会老打嗝儿。

黄雀馒头法

用黄雀，以脑及翅、葱、椒、盐同剁碎，酿腹中①。以发酵面裹之，作小长卷，两头令平圆，上笼蒸之。或蒸后如糟馒头法糟过，香法②炸之尤妙。

【译】取用黄雀，用它的脑子以及翅膀，加上老葱、花椒、盐一同剁碎，再填入黄雀的腹中。然后用发酵面把它包裹起来，做成小小的长卷形，使两头呈平圆状，再上蒸笼将其蒸熟（就可以食用了），或者蒸熟之后用像糟馒头的方法

① 酿腹中：填入黄雀腹中。

② 法：疑为"油"之误。

将它糟一糟，再用香油将其炸一炸，（食用起来）风味尤其美妙。

冷淘面法

生姜去皮，擂自然汁①，花椒末用醋调，酱滤清，作汁②。不入别汁水。以冻鳜鱼③、鲈鱼、江鱼皆可。旋挑入减汁④内。虾肉亦可，虾不须冻。汁内细切胡荽或香菜或韭芽生者⑤。搜冷淘面在内⑥。用冷肉汁入少盐和剂⑦。冻鳜鱼、江鱼等用鱼⑧去骨、皮，批片⑨排盆中，或小定盘⑩中，用鱼汁及江鱼胶熬汁，调和清汁浇冻⑪。

① 擂自然汁：研磨出天然的汁水。

② 作汁：指将生姜汁、花椒醋、滤清的酱三者和成调料。

③ 冻鳜鱼：冻好的鳜鱼肉。

④ 减汁：咸汁。减，疑为"咸"之误。

⑤ 汁内细切胡荽或香菜或韭芽生者：咸汁之中还要放入切细的生胡荽、香菜或韭芽。胡荽，又名"芫荽"，俗叫"香菜"。这里"胡荽""香菜"并提，可能是笔误。

⑥ 搜冷淘面在内：将用冰水或井水浸冷的面条挑在放有鱼肉、胡荽等的碗中。搜，这里为挑的意思。冷淘，一种熟冷面。古人常用冰水、井水浸成。

⑦ 用冷肉汁入少盐和剂：这里介绍和面的情况，是对"冷淘面"的制作来做补充说明。

⑧ 用鱼：用鱼肉。这里是补充交代冻鳜鱼等的制作情况。

⑨ 批片：切成薄片。

⑩ 小定盘：定瓷的小盘子。

⑪ 冻：将用调料等汁浇过的鱼片冻成"冻子"。

【译】取用生姜，去掉它的外皮，研磨出天然的汁水，取用花椒末，用醋调匀，取用豆酱，过滤出酱清，将这三者和成调料。不要再加其他的汁水。用冻好的鳜鱼、鲈鱼、江鱼肉都可以。旋即用筷子挑入上面配好的"咸汁"之中。（如果不用鱼肉）用虾肉也可以，但虾肉不需要冻。在"咸汁"当中，还要放入切得很细的生芜荽、香菜或韭芽。然后将用冰水或井水浸冷的熟面条挑在放有咸汁、鱼肉、胡荽、香菜、韭芽的碗中（"冷淘面"也就制作成功了）。（还有一些该说明的，在做面条时）要用冷肉汁加少许盐和面。做冻鳜鱼、江鱼等时，只用鱼肉，鱼骨、鱼皮要去掉，将鱼肉切成薄片，铺排在盆中，或者铺排在定瓷的小盘子中，用鱼汤和江鱼的鳔胶熬成汁，再将这清汁调好味浇在鱼片上，然后使其冻成"冻子"。

新法蛤蜊①

用蛤蜊洗净。生擘开，留浆别器中②。刮去蛤蜊泥沙，批破，水洗净，留洗水③。再用温汤④洗，次用细葱丝或桔丝少许拌蛤蜊肉，匀排碗内。以前浆及二次洗水汤澄清去

---

① 新法蛤蜊：这是一道生拌蛤蜊肉的名菜。

② 留浆别器中：将蛤蜊壳中的浆水留在其他器皿中。

③ 留洗水：留下洗蛤蜊肉的水。

④ 温汤：温开水。

脚^①，入葱、椒、酒调和。入汁浇供^②，甚妙。

【译】取用蛤蜊，将它洗干净。趁还活着将它分开，将蛤蜊壳中的浆水保留在其他器皿中。刮去附着在蛤蜊肉上面的泥沙，将肉用刀破开，再用水洗干净，留下洗蛤蜊肉的水。然后再用温开水洗一遍，接着用少量的细葱丝或者橘皮丝拌蛤蜊肉，均匀地排列在碗中。再用前面留下的蛤蜊壳中的浆水以及第二次洗蛤蜊的水，澄清之后，去掉沉淀的渣滓，加入老葱、花椒、酒调和好味道。将调和好的汁水浇在盛蛤蜊的碗中，然后供食，（这种吃法）是很妙的。

雪盦^③菜

用青菜心，少留叶，每科^④作二段入碗内。以乳饼^⑤厚切片盖满菜上，以花椒末于手心揉碎糁上^⑥，椒不须多，以纯酒入盐少许，浇满碗中，上笼蒸，菜熟烂啖之。

---

① 脚：指沉淀的渣滓。

② 入汁浇供：将调和好的汁水浇在盛蛤蜊的碗内，然后供食。

③ 盦（ān）：同"庵"。

④ 科：同"棵"。

⑤ 乳饼：奶饼。一种干酪。

⑥ 糁上：将花椒末撒在乳饼片上。糁，原为"以饭和羹""饭粒"等意，引申为"散粒"。

【译】取用青菜心，少留菜叶，每棵切作两段放在碗中。用奶饼切成厚片子满满地盖在菜上面，再用花椒末在手中搓揉碎撒在奶饼片上，花椒末不必用得太多，然后用纯酒，酒中放入少量的盐，将放菜、奶饼的碗浇满。接着上蒸笼蒸，等到青菜既熟且烂的时候食用它。

煮麸干①法

以吴中②细麸，新落笼不入水者③，扯开作薄小片。先用甘草作寸段，入酒少许，水煮干，取出甘草。次用紫苏叶④、桔皮片、姜片同麸略煮，取出，待冷。次用熟油、酱、花椒、胡椒、杏仁末和匀，拌面、姜、桔等，再三揉拌，令味相入。晒干，入糖甏⑤内封盛⑥。如久后啖之时觉硬，便蒸之。

【译】取用苏州产的细面筋，刚刚从蒸笼中取出尚未下过水的，用手撕成既小又薄的片儿。先用甘草切作一寸长的段子，加入少许酒，放水煮，等到水煮干时，取出甘草。再

① 麸干：面筋干。

② 吴中：今江苏苏州。

③ 新落笼不入水者：刚从蒸笼中取出尚未下水的。

④ 紫苏叶：简称"苏叶"，气味异香。

⑤ 糖甏（bèng）：装糖的坛子。甏，一种口小腹大的陶制容器，即坛子。

⑥ 封盛：这里为封口、盛好的意思。

用紫苏的叶子、橘皮片、生姜片同面筋稍微煮一下，将（面筋）取出来，等它冷却。再用熟油、豆酱、花椒、胡椒、杏仁末调和均匀，拌面、生姜丝、橘皮丝等，不断地揉、拌，使各种味道都渗透到面筋当中去。然后将面筋晒干，装入装糖的坛子中，封口，盛好。如长时间以后吃，它的口感会硬，就蒸一下再吃。

蚶子①

以生蚶劈开，逐四五枚②，旋劈，排碗中，沥浆③于上，以极热酒烹下，啖之。不用椒盐等。劈时，先以大布针刺，口易开④。

【译】将活蚶子劈开，连续劈四五枚。一边劈，一边将蚶子肉取下铺放在碗中，并将蚶子壳中的浆汁洒在肉的上面，再用烧得非常烫的酒烹一下，就可以吃了。（吃蚶肉时）不要用花椒、盐等。劈蚶子时，先用缝布用的大针刺一下蚶子，蚶子的口就容易张开了。

---

① 蚶（hān）子：俗称"瓦垄子"，又叫"魁蛤"，软体动物，介壳厚，有突起的纵线像瓦垄。生活在浅海泥沙中。肉味鲜美。

② 逐四五枚：连续劈四五枚。逐，逐一，连续的意思。

③ 浆：蚶子壳中的浆水。

④ 口易开：蚶子的口容易张开。

青虾卷爘^①

生青虾去头壳，留小尾。以小刀子薄劈，自大头劈至尾，肉连尾不要断。以葱、椒、盐、酒、水腌之。以头壳擂碎^②熬汁，去渣^③。于汁内爘虾肉，后澄清，入笋片、糟姜片供。元汁^④。不用辣酒，不须多爘令熟。

【译】将活青虾去掉头、壳，只留下小尾巴。用小刀子将虾肉劈成薄片，从大的一头劈到尾部，虾肉仍然要和尾巴相连，不能劈断。再用老葱、花椒、盐、酒、水将虾肉腌一下。另外将虾的头、壳捣烂，熬成汤汁，再去掉渣滓。然后将汤汁烧开，把虾肉放在里面略煮一下，等汤澄清后，加入笋片、糟姜片供食。汆虾用的汤汁要使用虾头、虾壳熬成的原汁，不要加辣酒，虾肉汆的时间不能长，熟了就可以了。

香螺先生

敲去壳，取净肉，洗。不用浆^⑤。以小刀卷劈^⑥如敷梨子

---

① 爘（cuān）：将食物放入沸水中略煮一下。今为"汆"。

② 擂碎：敲碎、捣烂的意思。

③ 渣：虾的碎头、壳之类。

④ 元汁：指用虾头、壳熬的原汁。元，有原来、原本之意。

⑤ 不用浆：不用螺壳中的浆汁。

⑥ 卷劈：一圈圈地劈成薄片。

法^①。或片劈，用鸡汁略燀。

【译】取用香螺，将其敲碎，去壳，只用螺肉，洗干净。螺壳中的浆汁不要用。再用小刀将螺肉像削梨皮一样劈成一圈圈的薄片，或者平劈成薄片，放在鸡汤之中稍微氽一下（就可以食用了）。

江蜌^②

生取肉，酒净洗。细丝如箸头大^③，极热酒煮食之。或作缕生^④，胡椒、醋食之^⑤。椒、醋，入糖、盐少许，冷供^⑥。

【译】取用活江瑶的肉，用酒洗干净。将江瑶肉切成像筷子头一般粗的丝，用极其烫的酒煮熟食用。或者将江瑶肉生切成丝，加上胡椒、醋食用。（吃时）还可以在胡椒、醋

① 如敷梨子法：如同敷梨子的方法一样。这里的"敷"，从文意上看似为"卷削"之意。但"敷"本身并无此意。疑为方言。

② 江蜌：江珧（yáo），又叫"江瑶"，一种生活在海里的软体动物，壳三角形，肉柱叫江瑶柱，可以吃。

③ 细丝如箸头大：将江瑶肉切细丝，如筷子头大（粗）。箸，筷子。

④ 缕生：生吃的江瑶细丝。

⑤ 胡椒、醋食之：加上胡椒、醋食用它。之，代"缕生"。

⑥ 椒、醋，入糖、盐少许，冷供：对上文的补充说明。在胡椒、醋中要加入一点糖和盐。"缕生"制好后不加热供食。

中加一点糖和盐。这是一道生吃的冷菜，不能加热供食。

鲻鱼[①]

切块如鲤鱼法。半水半酒[②]，姜、椒、酱煮食之。令腻[③]。

【译】将鲻鱼切成块子，如同烧鲤鱼中的鱼块的形状一样。然后用一半水一半酒，加生姜、胡椒、酱将其煮熟食用。煮的火候到家，使鱼锅中产生"自来芡"。

田螺

取大者，敲取头，不要见水。用沙糖浓拌，腌饭顷。洗净。或劈，用葱、椒、酒腌少时，清鸡元汁爆供。或生用盐、酒，入莳萝[④]浸三五日，清醋供。夏不可食。

【译】取用大田螺，敲碎，取它头部的肉，不要碰到生水。将螺头肉用砂糖搅拌黏稠，腌约一顿饭的光景。再将螺

① 鲻（zī）鱼：黑鲻，一名"鮂（qiú）"。生活在海水和河水交界处，海水中亦有。一般长度不超过一尺。

② 半水半酒：煮鱼时，水和酒的用量要一样多。

③ 令腻：使得卤汁黏稠。这里指煮的火候到家，使鱼锅中产生"自来芡"。

④ 莳萝：亦称"土茴香"，伞形科。多年生草本植物。夏季开黄色小花，果实椭圆形，可提炼芳香油，也可入药，有健脾、开胃、消食的作用。

头肉洗干净。（吃法有两种）或者将螺头肉劈成薄片，用老葱、胡椒、酒腌一会儿，放在鸡清汤的原汁中氽熟供食。或者将生螺头肉用盐、酒，并加入莳萝浸泡三至五天，然后用清醋供食。（生螺头肉）夏天是不能吃的。

爊肉羹

用膂肉①，先去筋膜净。切寸段小块，略切碎路②，肉上如荔枝③。以葱、椒、盐、酒腌少时，用沸汤投下，略拨动，急连汤取肉④于器中养浸。以肉汁提清⑤，入糟姜片，或山药块，或笋块，同供。元汁⑥。

【译】用里脊肉，先要把肉上的筋膜剔除干净。再将肉切成一寸长的小块子，在肉上略微剖出细碎的纹路，使肉的表面呈现荔枝形花纹。然后用老葱、胡椒、盐、酒将"荔枝肉"腌一会儿，再将"荔枝肉"投进滚开的汤中，略微拨动几下，便带着汤将肉取出，放在器皿中浸养。另外用肉汤提取清汤，在清汤中加入糟姜片，或者加入山药块，或者加入

① 膂（lǚ）肉：脊骨上的肉。位于内侧的为"里脊"肉。

② 略切碎路：略微切出（剖出）细碎的纹路。

③ 肉上如荔枝：肉的表面如荔枝一样。指呈荔枝形花纹。

④ 连汤取肉：带着汤将肉取出。

⑤ 以肉汁提清：用肉汁提取清汤。

⑥ 元汁：提清汤的肉汁要用原汁。

笋块，同"荔枝肉"一起供食。（应当注意的是）提清汤的肉汁要用原汁。

腰肚双脆 ①

"鸡脆"同前法。"鸡脆"，用胸子白肉②，切作象眼骰子③块。仍切碎路，如荔枝皮。余如前法。

【译】做"鸡脆"的方法同前面"爆肉羹"的方法一样。做"鸡脆"，要取用鸡脯肉，切成"骰子"般大小的象眼块。仍然要在肉面上剞花纹，像荔枝外壳上的花纹一样。其余的操作过程同"爆肉羹"是一样的。

醋笋法

用笋汁，入白梅、糖霜④或白沙糖、生姜自然汁少许，调和合味。入笋腌少时，冷啖⑤。不可留久。

【译】用煮笋子的汤汁，加入白梅、白糖或者白砂糖、

① 腰肚双脆：本菜标题与内容不符。

② 胸子白肉：鸡脯肉。

③ 骰（tóu）子：一般叫"色（shǎi）子"，一种赌具。

④ 糖霜：白糖。

⑤ 冷啖：冷吃。

少量的生姜自然汁，调和得适合口味。然后放入笋子，腌一会儿，冷吃。这种腌笋不能长时间保存。

烧萝卜法

用切作四方长小块，置净器中。以生姜丝、花椒粒糁上。用水及酒、少许盐、醋调和，入锅一沸，乘[1]热浇萝卜上，急盖之，置地[2]。浇汁应浸没萝卜。

【译】取用萝卜，切成长方形的小块，放在干净的器皿中。用生姜丝、花椒粒撒在上面。用水以及酒、少量的盐、醋调和，放入锅中烧一个滚开，然后把这混合调料趁热浇在萝卜之上，迅速地将盛萝卜的器皿盖上，放着（待一会儿食用）。浇调料的时候应注意使调料浸没萝卜。

糟姜法

净布揩去嫩芽。每姜一斤，用糟一斤半、炒盐一两半拌匀，即入瓶，以炒盐少许糁面。封之。

【译】用干净的布揩去生姜的嫩芽。凡用一斤生姜，要用一斤半糟、一两半炒盐拌匀后装入瓶中，还要用少量的炒

---

① 乘：通"趁"。

② 置地：放着。如元人言坐着为"坐地"。

盐撒在生姜的表面上。然后将瓶口封起来。

煮蘑茹①

用水净洗数四②，至沙泥净尽。然后鸡肉汁内发之。

【译】用水将蘑菇洗多次，洗干净，一直到把蘑菇上沾着的泥沙洗干净为止。然后放在鸡汤或肉汤中将其涨发开。

郑公③酒法

白面三十斤、绿豆一斗，烂煮，退砂木香一两为末；官桂一两为末；莲花朵蕊三十朵，用须并瓣④，碎捣，不用房⑤；甜瓜烂捣，以粗布绞肉⑥约一碗；捣辣蓼⑦自然汁。和前拌匀，干湿得中⑧。用布包，脚踏之，令实⑨。用二桑叶

---

① 蘑（mó）茹：似指蘑菇一类的干菜。

② 数四：似应为"数次"。

③ 郑公："郑公"疑当作"郭公"，现在还有郭公酒出售。

④ 用须并瓣：用莲须及莲花瓣。

⑤ 不用房：不用莲房。

⑥ 肉：甜瓜的肉泥。

⑦ 辣蓼：中药名，蓼科植物水蓼的全草。古代制曲时常用它。

⑧ 和前拌匀，干湿得中：指将上述各种原料调拌均匀，做到干湿适中。

⑨ 令实：让它包裹紧实。

包裹，麻皮扎，悬透风梁上。一月后取出，去桑叶，刷曲^①净，日晒夜露，约一月，入瓦土甏中密封。每面三十斤，约面饼^②七十个。

【译】取用三十斤白面、一斗绿豆，绿豆要煮烂。一两退砂木香，研成细末；一两官桂，研成细末；三十朵荷花嫩房，用花须及花瓣，捣碎，不用莲房；甜瓜捣烂，用粗布绞出甜瓜的肉泥约一碗；捣取辣蓼的自然汁。将上述的各种原料调拌均匀，做到干湿适中。然后用布将调拌好的原料包好，用脚踩它，使它紧实。再用第二季的桑叶包裹好，扎上麻皮，悬挂在通风的屋梁上。一个月以后取下来，去掉桑叶，在原料上刷上曲，要全部刷到。然后使其白天太阳晒、夜晚露水打，经过约一个月的时间，放入瓦坛之中密封起来。每三十斤面大约可以做成酒药饼七十个。

酿法^③

用米，河水淘极净，浸十日许，漉起^④，再以河水淋

---

① 曲：酿酒或制酱时引起发酵的块状物，用某种霉菌和大麦、大豆、麸皮等制成。这里是指接种微生物用的老曲末。

② 面饼：酒药饼。

③ 酿法：这一段文字写的是"郑（郭）公酒"的具体酿造法。

④ 漉（lù）起：用笊篱将米捞起，让水流掉。

之。淋米水留澄清水用^①。每糯米一石，留一斗作报饭^②，可迟三日浸。每米一斗，用淋米水八斤^③，面每石用五斤或四斤，作清酒只用三斤。每缸可酿米一石，用曲捣碎和饭^④，分作四分，逐一分。先以小缸入水少许搜拌令匀，逐一入缸，以手捺实，以木杓衬水浇之，以芦席稻草覆之。一宿后看缸面，有大裂开者以手衬，觉温热，用扒打之。待三次打扒后，即入报饭。仍以醅^⑤少许解饭开，倾入缸内，再盖，打匀，再盖，约一月余熟。每二石用灰八团^⑥。一半入醅，作别袋榨之，一半以袋入酒汁中，澄清去脚，澄二次，入饼煮之（清酒不要报饭）。

灰法：桑灰、粟灰，生粟炭灰筛过。饮汤，团小盏大，又如炭团大。火煅^⑦通红，三四次，为末用之。

【译】取米，用河水淘洗得极其干净，再将米放在水中浸泡十天多，用筊篱将米捞起，再用河水浇一浇。浇米的水要保留下来，待澄清后使用。每一石糯米，要留一斗下来做

---

① 淋米水留澄清水用：淋米水要保留下来，澄清以后用。淋米水又称"浆水"。我国古代酿酒（如"绍兴酒"），常用加浆水的方法发酵。

② 报饭：蒸熟后做"酏"用的饭。

③ 用淋米水八斤：用八斤"浆水"。

④ 用曲捣碎和饭：将"曲"捣碎后和糯米饭拌和。

⑤ 醅（pēi）：没过滤的酒。

⑥ 团：因灰呈团形，故名。

⑦ 煅：放在火里烧。

报饭，可以推迟三天浸泡。每用一斗米，必须要用八斤浇米的浆水，每用一石面则用五斤或者四斤（浇米的浆水），做清酒只要用三斤。每只大缸可以酿一石米。将"曲"捣碎后和糯米饭拌和，分作四份，逐一进行分。先用小缸加入少许水，搅拌均匀，（将四份和了"曲"的糯米饭）逐一装入大缸中，用手按实。再用木勺舀水浇在缸中，用芦席或稻草帘将缸盖上。一夜之后看缸面，如果缸面上有大裂口出现的，就用手伸进去试一试，假如觉得温热，便用竹扒将它打一打。等到经过三次打扒，即加入"报饭"。仍然用少许没有过滤的酒将"报饭"调散，倒入缸中，再盖上盖子。如果缸面出现裂口，就用竹扒打匀，再将盖子盖上，一个多月就成熟了。每两石米用八团"灰"。一半放入没有过滤的酒中，做另外的袋子来榨它，另一半放入袋子投进酒汁之中，澄清之后去掉酒渣，一共澄清两次，然后加入酒药饼将它烧煮（清酒不要放报饭）。

制造灰的方法：用桑灰、粟灰，（粟灰）是用生粟炭灰筛出来的。在灰中放入开水，把它们调和，做成如小酒盖一样大的团子，又可以像炭团一样大。然后用火将"灰团"烧得通红，共烧三四次。使用时，要将"灰团"捣成细末用。

煮鲤鱼

切作块子，半水半酒煮之。以姜去皮，先薄切片，捣如泥，花椒为姜和^①，研匀，略以酒解开。先以酱水少许入鱼，三沸，次入姜、椒，略沸即起。

【译】将鲤鱼切作块状，用数量相等的水和酒来煮它。用生姜，去掉皮，先切成薄片，再捣成泥状，还要用花椒与生姜泥拌和，研匀，接着用一些酒将其化开。（在放调料时）先将少许酱油放入鱼锅中，（待锅中的汤）多次沸腾后，再加入生姜、花椒，等锅中稍微沸腾就可以起锅（将鱼块装盘）了。

又法（煮鲤鱼）

切作块子。先以香油沸熟^②，以熟油烹姜、椒于别器，次就油锅下鱼，煎色变，以烹下^③。稍住火片时，下酱水。余如前法。

【译】将鲤鱼切作块子。先把香油炼熟，以熟油将生姜、花椒烹炸一下，捞起，装入其他的器皿中。接着就着热油锅下鱼块，等到鱼块煎至变（金黄）色，便将姜、椒等调料投入鱼锅中煮。然后停火片刻，下酱油。其余的操作方法和前面"煮鲤鱼"法一样。

---

① 和：这里疑有错字，原文如此。

② 沸熟：炼熟。

③ 以烹下：将姜、椒等调料投入鱼锅烹煮。

蟹鳖

以熟蟹剔肉，用花椒少许搅匀。先以粉皮①铺笼②底干荷叶上，却铺③蟹肉粉皮上，次以鸡子或凫弹④入盐少许搅匀浇之，以蟹膏⑤铺上，蒸鸡子干为度⑥。取起，待冷，去粉皮，切象眼块。以蟹壳熬汁，用姜浓捣，入花椒末，微著真粉牵和⑦，入前汁或菠菜铺底供之。甚佳。

【译】取用熟螃蟹，剔出蟹肉，用少量花椒拌和均匀。先用绿豆粉皮铺在蒸笼里的干荷叶上，再把蟹肉铺在粉皮上，接着用鸡蛋或野鸭蛋，在蛋中放一些盐，搅拌均匀，然后浇在蟹肉之上，在蛋糊的上面还要铺上蟹油、蟹黄，再进行蒸制，以把鸡蛋（或野鸭蛋）蒸凝固为准。然后将蒸熟的"蟹鳖"从笼中取出，等冷却后，去掉粉皮，切成象眼块。再用螃蟹壳熬汁，把生姜捣浓，加入花椒末，稍微放一些淀粉勾芡，放一些前面制成的汁水或者用菠菜铺底，（将"象眼块"的"蟹鳖"放在上面）供食。风味极好。

① 粉皮：绿豆粉皮。

② 笼：蒸笼。

③ 却铺：再铺。

④ 凫（fú）弹：野鸭蛋。凫，水鸟，俗叫野鸭。

⑤ 蟹膏：蟹油；蟹黄。

⑥ 蒸鸡子干为度：将鸡蛋液蒸凝固为准。干，这里是凝固的意思。

⑦ 微著真粉牵和：稍微放一些淀粉勾芡。

糖馒头 ①

用细馅馒头，逐个②用黄草布包裹，或用全幅为布。先铺糟在大盘内，用布摊上，稀排馒头布上，再以布覆之，用糟厚盖布上。糟一宿取出③，香油炸之，冬日可留半月。冷则旋火上炙之④。

【译】用细馅馒头，每个都用黄草布包裹起来，或者用全幅布包裹。先将糟铺在大盘子中，用布摊在糟上，在布上稀疏地排列好馒头，再用布盖在上面，用糟厚厚地盖在布上。这样糟一夜，就可以把馒头取出来了，再用香油把它炸一炸，冬天可以保存半个月的时间。如果馒头冷了，随即在火上将它烤热（食用）。

煮猪头肉

用肉切作大块。每用半水半酒、盐少许、长段葱白、混花椒入砵钵或银锅内，重汤顿一宿。临供⑤，旋入糟姜片、

---

① 糖馒头："糖"似为"糟"之误。

② 逐个：每个，各个。

③ 取出：指将馒头取出。

④ 冷则旋火上炙之：如果馒头冷了，随即在火上将它烤热。

⑤ 临供：临供食的时候。

新橙、桔丝。如要作糜^①，入糯米，擂碎^②生山药一同炖。猪头一只，可作糜四分^③。

【译】取用猪头肉，将其切成大块。每逢煮时，放等量的水和酒、少许盐、长段的葱白，并掺进花椒，放进朱砂钵或者银锅内用隔水炖一夜。临到供食的时候，立即放进糟姜片、新橙丝、橘丝。如果要做肉粥，就要放糯米，并将生山药研碎以后一起炖。一只猪头，可以做肉粥四份。

川猪头

用猪头不劈开者，以草柴火薰去延^④，刮洗极净。用白汤煮。几换汤，煮五次。不入盐^⑤。取出后，冷，切作柳叶片。入长段葱丝、韭、笋丝或茭白丝，用花椒、杏仁、芝麻、盐拌匀，酒少许洒之。荡锣^⑥内蒸。手饼^⑦卷食。

【译】取用没有劈开（整个）的猪头，用草柴烧火熏去

① 糜（mí）：粥。这里指肉粥。

② 擂碎：研碎。

③ 分：同"份"。

④ 延：疑为"涎"之误。"涎"，唾液。这里泛指猪头上的黏液。

⑤ 不入盐：不放盐。

⑥ 荡锣：一种可以蒸东西用的器皿。

⑦ 手饼：一种圆形薄面饼。具体做法见下一段。

猪头上的黏液，然后将猪头刮洗得极干净。用白开水煮。要多次换水，一共煮五次。不要放盐。将猪头从锅中取出后，等其冷却，切成柳叶片。再在肉片中加入长段葱丝、韭菜、笋丝或者茭白丝，用花椒、杏仁、芝麻、盐拌匀，洒入少量的酒。然后放在荡锣里隔水蒸。猪头肉蒸熟之后，用"手饼"卷起来食用。

手饼

用头子麪①，十分滚汤，入盐搜匀。捺面极熟，幹②作小碗许大③饼子，熬盘④上熯⑤熟，频以盐水洒之。才起，以湿布卷覆⑥。

【译】取用头子面，浇入滚开的水，加一些盐拌和均匀。将面揉按得极其"透"，再擀成像小碗口那么大的饼子。放在"鏊"上烙熟。烙的时候，要频频地用盐水洒在饼的上面。将饼取下的时候，（刚揭起就）要用（干净的）湿布卷盖起来。

① 麪：为"麵（面）"之误。

② 幹：同"擀"。

③ 小碗许大：指面饼像小碗口那么大。

④ 熬盘：像平底锅的炊具。熬，应为"鏊（ào）"。

⑤ 熯（hàn）：焙、油煎、蒸。这里为"烙"的意思。

⑥ 覆：盖。

鲫鱼肚儿羹

　　用生鲫鱼小者，破肚去肠。切腹腴①两片子，以葱、椒、盐、酒浥②之。腹后相连如蝴蝶状③。用头、背等肉熬汁④，捞出肉。以腹腴用筲箕⑤或笊篱⑥盛之，入汁肉⑦焯过。候温，镊出骨⑧，花椒或胡椒、酱水调和。前汁捉清⑨如水，入菜⑩，或笋同供。

　　【译】取用活的小鲫鱼，破开肚子，去掉肠子。将鱼腹部的两片肥肉切下，用老葱、花椒、盐、酒腌一下。两片"腹腴"要相互连着，像蝴蝶一样。另外用鱼头、鱼背的肉等熬汤汁，（等汤熬好）便将鱼头、背的肉等捞出。再将"腹腴"片用筲箕或者笊篱盛好，放在鱼汤中焯一焯。等焯过的"腹腴"片（感觉）不烫时，镊出鱼刺，用花椒或胡

---

① 腹腴（yú）：腹部的肥肉。

② 浥（yì）：湿润。这里指"腌"一下。

③ 腹后相连如蝴蝶状：指两片"腹腴"要相互连着，像蝴蝶一样。

④ 用头、背等肉熬汁：用鲫鱼的头、背等肉熬汤汁。

⑤ 筲（shāo）箕（jī）：这里指竹丝编的淘米器。

⑥ 笊篱：一种用竹篾、柳条、铁丝等编成的勺形用具，能漏水，用来在汤内捞东西。

⑦ 汁肉：汁内。肉为"内"之误。

⑧ 镊出骨：镊出鱼刺。

⑨ 前汁捉清：将前面用鱼头、鱼背肉熬的汤汁提清。元、明时期的烹饪书中往往将提清汁叫"捉清汁"。

⑩ 入菜：放入蔬菜。

椒、酱水调和。再将前面所制作的鱼汤汁提清得像水一样
清，放入蔬菜，或者加入笋片一同供食。

蜜酿红丝粉

用真粉入胚子①搜和匀。用浓稻草灰汁或炭灰汁作汤，
索粉②于中即成。清鸡汁供③。鸡丝或肉丝任用，作点头④。

【译】取用好的淀粉，放入模子中拌和均匀。另外用浓
稻草灰汁或者炭灰汁做汤，将和好的淀粉用模子制成丝条下
在汤中就可以了。再将下好的粉丝挑入鸡清汤中供食。可以
任意选用鸡丝或肉丝盖在粉丝上作"浇头"。

熟灌藕

用绝好真粉，入蜜及麝⑤少许，灌藕内，从大头灌入。
用油纸包扎煮。藕熟，切片，热啖⑥之。

【译】用顶好的淀粉，加入少量的蜂蜜及麝香，灌进藕

---

① 胚子：模子。

② 索粉：将调和好的真粉通过模子成为丝条。索，线、丝，这里作动词用。

③ 清鸡汁供：将下好的粉丝挑入鸡清汤中供食。

④ 点头：如今称"浇头"或"交头"，这里指盖在粉丝上的鸡丝或肉丝。

⑤ 麝：麝香。

⑥ 热啖：趁热吃。

孔之中，要从藕大的一头灌进去。然后用油纸将藕包扎紧，下锅煮。等到藕熟了，切成片，趁热将它吃掉。

桔花茶

茉莉同。以①中样细芽茶，用汤罐子②先铺花一层，铺茶一层，铺花、茶层层至满罐。又以花密盖，盖之③。日中晒，翻覆罐三次。于锅内浅水慢火④蒸之。蒸之候罐子盖热极取出，待极冷然后开罐取出茶，去花以茶⑤。用建莲纸包茶，日中⑥晒干。晒时常常开纸包抖擞⑦，令匀，庶易干也⑧。每一罐作三四纸包则易晒。如此换花蒸晒，三次尤妙。

【译】做橘花茶的方法与做茉莉花茶相同。（做橘花茶的方法是）取用中等的细芽茶，在汤罐中先铺上一层橘花，再铺一层细芽茶，然后花、茶层层相铺一直铺到满罐为止。再

---

① 以：用。

② 汤罐子：一种煮水的陶器。也可以用来蒸东西。

③ 盖之：用盖子将汤罐盖上。

④ 慢火：文火。

⑤ 去花以茶：将花去除，只留茶叶。

⑥ 日中：太阳下。

⑦ 抖擞：抖一抖。

⑧ 庶易干也：差不多是容易干的。庶，庶几，将近，差不多。

用一层花密密地盖在上面，然后用盖子将汤罐盖好。接着将汤罐放在太阳底下晒，并将罐子翻覆三次。而后在锅中放入浅浅的水，将汤罐搁在里面用文火蒸。要蒸得等汤罐的盖子热到极点时将汤罐取出来，等到汤罐变冷了，然后打开盖子，取出茶叶，要将花去掉，只用茶叶。用建莲纸把茶叶包起来，放在太阳下晒干。晒的时候要经常打开纸包抖一抖，使茶受热均匀，差不多就干得快了。每一汤罐中的茶叶，比较适宜包成三四个纸包晒。采用这种方法做橘花茶，（做一次后）要另换橘花再蒸晒。如果换了三次花，这橘花茶就特别好了。

莲花^①茶

就池沼中，早饭前，初日出时择取莲花蕊略破者。以手指拨开，入茶，满其中，用麻丝缚扎定。经一宿，明早连花摘之，取茶，纸包晒干。如此三次^②。锡罐盛，扎口收藏。

【译】在池沼之中，于早饭之前，太阳刚刚出来的时候选择好略微有些开放的荷花，用手指拨开花瓣，将茶叶放进花苞之中，要放满，然后用麻丝将荷花捆扎好。经过一夜，第二天早上将花朵摘下来，从荷花中取出茶叶，用纸包好晒干。像这样一共要做三次（将茶叶三次放入荷花之中，三次

---

① 莲花：荷花。

② 如此三次：像这样做三次。指将茶叶三次放入荷花之中，三次取出，三次晒干。

取出，三次晒干）。然后将茶叶放在锡罐中收藏，锡罐的口要（用东西）扎紧。

煎前茶^①法

用银茶铫^②煮水，候蟹眼^③动。以别器贮茶，倾铫内汤^④少许，浸茶没^⑤，急用盖盖之。俟浸茶湿透，再以铫置火上，俟汤有声，即下所浸茶。少倾便取起^⑥。又少倾再置火上，才略沸，便啜之^⑦，极妙。

【译】用银茶铫子煮水，等到茶铫子中泛起像"蟹眼"一样的小气泡，这时用另外的器皿盛放（前面所说的莲花）茶，倒入银茶铫子中少量的开水，将茶叶浸没，迅速用盖子盖上。等到将茶叶浸透，再把银茶铫子放在火上，等到铫子中的水发出声响，随即投下所浸泡的茶叶。过一会儿便把茶铫子从火上取下。又过一会儿再将茶铫子放在火上，才稍稍

---

① 前茶：这里指的是前面说的莲花茶。

② 铫（diào）：煮开水熬东西用的器具，也称"吊子"。

③ 蟹眼：螃蟹的眼睛，形容水初沸时所泛起的小气泡。

④ 汤：开水。

⑤ 浸茶没：开水要浸过茶叶。

⑥ 少倾便取起：一会儿便将银茶铫从炉子上拿下来。少倾，倾为"顷"之误，一会儿，不多时。

⑦ 啜（chuò）之：喝茶。啜，喝。之，指茶。

沸腾，便可以喝它了。这（口味）是非常妙的。

香橼^①煎

用香橼旧者^②，亦皆去穰及囊，切作丝。入汤内煮一二沸，取出沥干。别^③用蜜，入水少许，每蜜一两入水一钱，于银石器中慢火熬蜜熟，以稠为度^④。入香橼丝于内，略搅，即连器取起。经一宿再熬，略沸即取起。候冷，再一沸取起。俟冷，入瓷器贮，封之即可^⑤。少入蜜作荐酒用^⑥，作汤则旋入别蜜^⑦。

【译】取用陈香橼，要将它们的瓤囊全都去掉，将皮切作丝。然后放入开水中煮一两开，取出后沥干水分。另外取蜜，蜜中放少量的水，每用一两蜜放入一钱水，在银石器中用文火将蜜熬熟，以蜜黏稠为准。再在蜜中放入香橼丝，稍微搅一搅，便立即将香橼丝连同银石器一起取下。经

---

① 香橼（yuán）：枸（jǔ）橼。芸香料。果实卵形或长圆形，皮粗厚而有芳香，熟时呈柠檬黄色，不易剥离。初冬果熟。瓤囊细小，约十瓣；肉黄白色，液汁不多，味苦。果皮供药用，古人常用香橼入馔。

② 旧者：陈的。

③ 别：另。

④ 以稠为度：以蜜黏稠为准。

⑤ 封之即可：将瓷器的口封起来就可以了。

⑥ 作荐酒用：做下酒的菜用。

⑦ 作汤则旋入别蜜：如果做汤，就要另外放入蜜。

过一夜，再放到火上去熬，等蜜稍稍沸腾就取下来。等蜜冷却之后，再将银石器放到火上烧，让蜜再烧滚便取下。等到蜜和香橼丝冷却后，放入瓷器中收贮，将瓷器口封起来就可以了。少放一些蜜的"香橼煎"可以做下酒的菜用。如果做汤，就要另外放入蜜。

香灰^①

用杉树枝灰、秋茄子根灰、纸钱^②灰等分，和匀，饮汤作团。入灶内，木柴火煅过。红取出，碎研。再用饮汤团煅至白。入细梗子石灰三分之一，再团，煅过，筛细。用几煅前三种灰至白，须煅一二十次。

【译】用杉树枝烧成的灰、秋天的茄子根烧成的灰、纸钱烧成的灰各等分，拌和均匀，放入开水调和做成团子。将灰团放进灶膛之中，用木柴火烧（煅），等灰团烧成红色时取出，研成碎末。再用开水调成的灰团烧（煅）至发白。加入有细粒的石灰三分之一，再做成团子，放在火中烧（煅）过，然后用筛子筛出细粉。要使经过几次烧（煅）的前几种灰变成白色，还必须烧（煅）一二十次。

---

① 香灰：做洗砚台所用。本段文字及下段"洗砚法"，均与饮食无关。

② 纸钱：一种专供做冥币用的纸张。

洗砚法

用稻草灰，或用烧过灰，或香灰，寺庙中者亦可。□□①洗之绝妙。

【译】（洗砚台）取用稻草灰，或者用烧过的灰，或者香灰，寺庙中的灰也可以。（用罗筛后）清洗最好。

水龙子

用猪精肉②二分、肥肉一分，剁极细。入葱、椒、杏仁酱少许，干蒸饼末少许，和匀。用醋着手圆之，以真粉作衣③。沸汤下，才浮便起④。清辣汁任供。

【译】取用猪的瘦肉两份、肥肉一份，剁成细末。加入老葱、花椒、杏仁酱少许，干蒸饼的细末少许，拌和均匀（成肉泥）。用醋抹在手上把肉泥做成圆子，并用好的淀粉糊将肉圆外面涂一涂。要在滚汤中下肉圆，肉圆才浮出水面

---

① □□：范本不清，疑为"罗细"。

② 精肉：瘦肉。

③ 以真粉作衣：用好的淀粉糊将肉圆外面涂一涂。衣，包裹的意思。

④ 才浮便起：肉圆刚浮出水面就捞起。

就要捞起。用清辣汁随意供食。

黄雀

去皮。以头及翅和葱、椒剁碎，酿腹内。用好甜酒，重汤炖食。酒内入盐少许。

【译】（将黄雀整治干净）去掉皮。将雀头和翅膀以及老葱、花椒剁碎（混合起来），塞进黄雀的肚子里，再放入好甜酒。将黄雀用文火隔水炖熟食用。甜酒中要加入少量的盐。

白盐饼子

用盐不拘多少，以水淘化①。用筲箕铺粗纸于底，倾水在内，放净锅上，候水滴净就煮，炒干，再入内②。以生芝麻少许和之③，捺实，火煅④。候作汁⑤，倾下石碗子内，作饼，大小如意⑥。

---

① 淘化：溶化。

② 再入内：将一批盐水煮、炒干后，再往锅中加入一批盐水。

③ 和之：用芝麻和盐。

④ 火煅：放在火中烧。

⑤ 候作汁：等到做汁时。

⑥ 如意：随意。

【译】取用盐，数量不拘多少，放在水中溶化开。另外取用笢箕，在笢箕底上铺一层粗纸，将盐水倒在里面，再将笢箕放在干净的锅上，等盐水滴干净了（把笢箕取走），煮盐水，最后将盐炒干。将一批盐水（经过）煮、炒干后，再往锅中放一批盐水（如法制成干盐）。然后用少许芝麻和在盐中，按紧实，用火烧一烧。等到做汁时，将汁倒入盛芝麻盐的石碗子内拌和，做成饼状，饼的大小随意。

烧猪脏或肚

先用汤煮熟前物①。入切碎蒜片并粗燥子②，合盐少许，就锅内竹棒阁起③，盖锅。慢火烧之。锅内仍用水一盏。

【译】先在开水中将猪脏或猪肚煮熟。取出，加入切碎的蒜片和粗肉丁以及少量的盐，放在锅中，用竹棒架起来，将锅盖盖好。用文火烧。锅中仍然用一盏水。

烧猪肉

洗肉净，以葱、椒及蜜，少许盐、酒擦之。锅内竹棒阁起。锅内用水一盏、酒一盏，盖锅，用湿纸封缝。干则以水

① 前物：指"猪脏或肚"。

② 粗燥子：粗肉丁。

③ 锅内竹棒阁起：将肉放在锅内，用竹棒架起来。阁，搁、架的意思。

润之^①。用大草把一个烧，不要拨动。候过^②，再烧草把一个。住火饭顷^③。以手候锅盖冷，开盖翻肉。再盖，以湿纸仍前^④封缝。再以烧草把一个。候锅盖冷即熟^⑤。

【译】将猪肉洗干净，用老葱、花椒以及蜂蜜、少量的盐和酒涂擦一下。将肉放在锅内，用竹棒架起来。锅中放一盏水、一盏酒，盖上锅盖，用潮湿的纸将锅盖缝封好。湿纸如果干了就用水把它润湿。然后用一个大草把烧锅，草把不要拨动。等到草把烧尽了，再烧一个大草把。接着停火约一顿饭的时间。用手摸锅盖，倘若冷了，就打开锅盖将肉翻一个身。再将锅盖盖上，用潮湿的纸像前面一样把锅盖的缝封好。再用一个大草把烧一烧。烧完草把，等到锅盖变冷，猪肉也就熟了。

① 润之：润湿它。之，代封缝的纸。

② 候过：等草把燃烧尽了。

③ 住火饭顷：停火一顿饭的时间。

④ 仍前：像前面一样。

⑤ 候锅盖冷即熟：等到锅盖冷了，肉也就熟了。

烧鹅^①

用"烧肉"法^②。亦以盐、椒、葱、酒多擦腹内,外用酒、蜜涂之。入锅内。余如前法^③。但先入锅时,以腹向上,后翻则腹向下。

【译】(烧鹅)要采用前面介绍的"烧猪肉"的方法。也要用盐、花椒、老葱、酒多次在鹅肚子里擦一擦,鹅身上则要用酒、蜂蜜涂抹一遍。然后将鹅放入锅中。其余的环节都和前面"烧猪肉"的做法一样。但(需要注意的是)鹅刚刚放进锅时,要使它的腹部向上,到以后翻身时,鹅的腹部就向下了。

新法蟹

用蟹,生开^④,留壳及腹膏^⑤。股、脚段^⑥作指大、寸许块子,以水洗净,用生蜜腌之。良久,再以葱、椒、酒少许

---

① 烧鹅:这是古代比较有影响的一味佳肴。清代的袁枚对这只"烧鹅"十分推崇,并收进了《随园食单》。

② 用"烧肉"法:采用前面"烧猪肉"的制作方法。

③ 余如前法:其余的环节,都与前面"烧猪肉"的做法一样。

④ 生开:生(活的)掰开。

⑤ 腹膏:腹部的油脂、黄子。膏,原指油脂,这里应包括蟹黄。

⑥ 段:应为"剁"。如将"段"作由名词转为动词解,亦勉强可通。

拌过，鸡汁内爁；以前膏胰蒸①，去壳入内。糟姜片子清鸡元汁供。不用不用②螯。不可爁过了。

【译】取用螃蟹，活着掰开，留下壳及腹部的油脂。大腿、脚剁成手指头大、一寸多长的块子，用水洗干净，用新鲜的蜂蜜把它们腌起来。经过较长的时间后，再用少量的老葱、花椒、酒拌一拌，放在鸡汤中汆熟。用前面留下来的蟹油、蟹黄蒸一蒸，去掉壳子放入汤中。用糟姜片子、原汁清鸡汤供食。不要用蟹的大钳。蟹的腿、脚在汤中不能汆过了。

海蛰③羹

用对虾头熬清汁，或入片子鸡脆④，复入海蛰，只用花头最好。洗净对虾、决明⑤、鲜虾、鸡脆，和入供⑥。鱼亦可食⑦。

---

① 以前膏胰蒸：用前面留下的蟹腹膏蒸熟。

② 不用不用：两个"不用"重复。为原抄者之误。

③ 海蛰：海蜇。

④ 片子鸡脆：脆嫩的鸡片。

⑤ 决明：豆科。一年生草本植物。嫩苗、嫩果可食，通常作药用。其种子称"决明子"。

⑥ 和入供：指将对虾等放入海蜇汤中供食。

⑦ 鱼亦可食：鱼肉也可以放入汤中供食。

【译】用新鲜的对虾的虾头熬清汤，或者加入脆嫩的鸡片后，再加入海蜇，仅用海蜇"花头"最好。将洗干净的对虾、决明、鲜虾、鸡脆等放入海蜇汤中供食。鱼肉也可以放入汤中供食。

煮决明法

先洗净，入酒瓶内，满笼糠火煨一番，取出。换水浸之，切用。

【译】先将决明洗干净，放在酒瓶之中，用满笼糠火煨一阵子，再取出来。然后换水把它浸泡一下，切后食用。

江鱼（假江瑶）①

用江鱼背肉作长段子，每个取六块，如瑶状。盐、酒浥，蒸。以鱼余肉②熬汁，用鱼头去骨，取口颊。金绝色者并（缺文③）……

【译】取用江鱼背部的肉，作长段子，每个段子分成六

① 江鱼（假江瑶）：用江鱼肉做的假江瑶柱。江瑶柱（江珧柱），为"江珧贝"的闭壳肌所制，属"干贝"的一种。

② 余肉：剩下的肉。

③ 缺文：缺少下文。系原抄者之注：本段文字未了，另外用剩下的鱼肉熬汤汁，用鱼头，去掉骨头，只用口、脸颊上的肉。金绝色者并（缺下文）……

块，做如江瑶柱的形状。用盐、酒将"江瑶柱"腌一下，再
上笼蒸。另外用剩下的鱼肉熬汤汁，用鱼头，去掉骨头，只
用（鱼）口、脸颊上的肉。金绝色者并（缺下文）……

后记

礼始诸饮食①。饮食，人之大欲存焉②。固日中之不可阙③者。若何胤朵颐碪几，以刳脔取味，非所为训④。东坡晚年戒杀，一茹蔬素，亦非先王养老之意也⑤。是编⑥为《云林堂饮食制度集》，烹饪和渍⑦，既不失之惨毒，而蔬素尤良。百世之下，想见高风⑧。使好事者闻之，斯敛衽矣！云林讳瓒⑨，字元镇，姓倪氏，邑之祇陀里人⑩。生遭元季⑪，

① 礼始诸饮食：礼是从饮食开始的。礼，指由一定阶级的道德观念和风俗习惯形成的仪节。

② 饮食，人之大欲存焉：《礼记·礼运》："饮食男女，人之大欲存焉。"《孟子·告子章句上》："告子曰：'食、色，性也。'"两句话意思都差不多，都讲"饮食男女"是人的本性。只是姚客的《后记》中，将"男女"两字省略了。

③ 阙（quē）：同"缺"。

④ 若何胤（yìn）朵颐碪（zhēn）几，以刳（kū）脔（luán）取味，非所为训：像何胤那样忙于饮食之事，为了美味只在猪身上挖取一块肉，这是不足为训的。何胤，南朝梁时人，纵情诞节。朵颐，指饮食之事。碪，"砧（zhēn）"的异体字。几，矮或小的桌子。刳，剖开而挖空，剔净。脔，切成块的肉。在古人眼中，猪的"项上一脔"是最美的。"脔"不仅指猪肉，也可以指其他的肉。

⑤ 亦非先王养老之意也：也不是先王关于养老的主张的本意啊。先王，指古代的君主。

⑥ 是编：指这一本书。编，指一部书或书的一部分。

⑦ 渍（qì）：这里是"羹汁"的意思。

⑧ 高风：高尚的品格，操守。

⑨ 云林讳瓒：指倪云林。倪云林名"瓒"。讳，旧时对帝王将相或尊长不敢直称其名，谓之避讳。故"讳瓒"即是说倪云林的名叫"瓒"。

⑩ 邑之祇陀里人：（无锡）县祇陀村的人。邑，县。

⑪ 元季：元朝末年。季，末了的意思。

群雄蜂起^①，韬精晦迹^②，俟^③我皇祖^④定鼎^⑤金陵^⑥乃散财去家^⑦，以清白终其身云^⑧。

嘉靖^⑨甲寅^⑩秋^⑪，七月既望^⑫，亢旱^⑬之余，

忽凉飏^⑭西来，甘雨洒席。

勾吴^⑮茶梦散人姚咨^⑯欣然走笔。

【译】礼，是从饮食开始的。在饮食之中，存在着人的

---

① 群雄蜂起：群雄纷纷而起，指农民起义风起云涌。蜂起，纷纷而起如群蜂乱飞。

② 韬精晦迹：收敛锋芒，隐藏才能行迹。简称"韬晦"。指倪云林散财去家，扁舟往来于湖泖之间一事。

③ 俟：等。

④ 皇祖：指明朝开国皇帝朱元璋。公元1368年，朱元璋建立大明王朝。

⑤ 定鼎：九鼎为古代传国的重器，王都所在，即鼎之所在，因此称定都为"定鼎"。

⑥ 金陵：今南京。

⑦ 乃散财去家：倪瓒"散财去家"之事早于明王朝的建立。这里为姚咨误记。

⑧ 以清白终其身云：以清白终结了他的一生。清白，指其未和农民起义的队伍合作，这并非优点。云，语气词。

⑨ 嘉靖：明世宗朱厚熜（cōng）的年号（公元1522—1566年）。

⑩ 甲寅：指嘉靖三十三年，即公元1554年。

⑪ 秋：指秋天。

⑫ 七月既望：指七月十六日。既望，阴历每月十五日称望日，既望，就是望日的第二天，即十六日。

⑬ 亢旱：大旱。

⑭ 凉飏（yáng）：凉风。飏，《说文解字》解为风所飞扬之意。这里指"风"。

⑮ 勾吴：句吴。无锡东南的梅里为周代的句吴。

⑯ 姚咨：明代无锡人，字舜咨，亦字潜坤，号茶梦主人，又号皇象山人。喜藏书，遇到善本书往往亲手缮写。著有《潜坤集》《春秋名臣列传》。

本性。（所以说）饮食本来就是日常生活中不能缺少的东西。（不过）像何胤那样忙于饮食之事，为了追求美味只在猪身上挖取一块肉（食用），这是不足为训的。（但是），像苏东坡那样在晚年戒杀，只吃素食，恐怕也不是先王关于养老的主张的本意啊。这一本书是《云林堂饮食制度集》，（书中所收的菜肴）在烹饪上是很得法的，既没有惨毒宰杀生物来取味的错误，而且素食尤为精良。百年之后，令人可以想见作者的高尚品格。假如在饮食上喜欢多事的人听到了这个消息，恐怕也要整一整衣袖（表示崇敬的吧）！（本书作者）云林名瓒，字元镇，姓倪，是（我的家乡）无锡县祇陀村的人，他生逢元朝末年，（当时）群雄纷纷而起，他便收敛锋芒，隐藏才能行迹。等到我们明朝的祖皇帝在金陵建都，他于是散尽钱财，离开家园，清清白白地终结了一生。

嘉靖甲寅年秋天，七月十六日，大旱之余，

忽然凉风西来，甘霖洒席。

句吴茶梦散人姚咨欣然走笔。

饮食绅言

（饮食部分）

〔明〕龙遵叙　撰

陈光文　注释／译文

刘　晨

夏金龙　审校

刘义春

引

食色根于所性，淫杀^①谓之恶业^②。二者事本粗鄙^③，而关涉甚大，迹似浅近^④，而克治为难。儒曰："饮食男女^⑤为切要，从古圣贤，自这里做工夫。"释曰："若不断淫及与杀生，出三界^⑥者无有是处。"玄^⑦曰："病从口入，福从色败^⑧，子若戒之，命同天在^⑨。"究心三教而不透此关，未有能得者也。况杀生恣味，好色丧真^⑩，机^⑪元相因，势更助发。纵欲体瘵^⑫，思补肥甘，多食气昏，欲为魔祟^⑬，

---

① 淫杀：好色杀生。

② 业：佛教名词。佛法将此主宰轮回的动力，称为"业"。造业的主人翁就是身、口、意；"业"有驱使造作的力量，故称"业力"。

③ 粗鄙：粗野鄙陋。

④ 浅近：容易理解或执行的，不造成困难的。

⑤ 饮食男女：泛指人的本性，食、色。《礼记·礼运》："饮食男女，人之大欲存焉。"

⑥ 三界：佛教名词。通常指众生所居之欲界、色界、无色界。此乃迷妄之有情，在生灭变化中流转，依其境界分为三个层次；又称作三有生死，或单称三有。因三界迷苦如大海之无边际，故又称苦界、苦海。但也有其他三界之说。

⑦ 玄：指道家。

⑧ 福从色败：福分因好色而败坏。

⑨ 命同天在：寿与天齐。命，寿命。

⑩ 丧真：丧失元气。真，指真元、元气。

⑪ 机：道教将"机"认作天地和万物存在的根据和变化的原因。

⑫ 瘵（zhài）：病，多指痨病。

⑬ 欲为魔祟：淫欲作祟使之入魔。

迷则同迷①。能甘淡薄，欲火不然②。常持净戒③，粗粝④亦美，悟则同悟矣。鄙人气弱多病，于此尤惧。归田暇日⑤，流览往集⑥，漫拾警语⑦，类记成编，不择醇疵⑧，亦鲜伦次，聊自省⑨鉴，以代书绅云尔。至若入微工夫，诠注⑩所不能及者，孰从而书之也哉！虽然，太上忘形瑏瑡，真心无相瑏瑢，舍置源本而辨清浊于支流抑末矣。谓兹非赘辞不可也。他日高明，肯以之覆酱瓿瑏瑣否！皆春居士书。

【译】食欲和色欲乃是人的天性，好色杀生是一种恶业。这两件事本来粗鄙，但是牵涉的事却很大，事迹很浅近，但要克服治理却很难。儒家说："人的本性非常重要，自古以来的圣人贤者，都从这里下功夫。"佛家说："如果不断绝色欲和杀生，那就出了人世三界而没有这样的地方了。"道家说："病从口入，福分因好色而败坏，你如果能

① 迷则同迷：既迷于饮食又迷于女色。

② 然：同"燃"。

③ 净戒：清规戒律。即清净无为的戒律。

④ 粗粝（lì）：糙米。泛指粗劣的食物。

⑤ 暇日：闲暇的时日。

⑥ 流览往集：翻阅过去的书籍。览，阅。

⑦ 漫拾警语：随手摘录有关警句名言。拾，摘录。

⑧ 醇疵（cī）：醇美与疵病，即正确与错误。

⑨ 省（xǐng）：醒悟。

⑩ 诠（quán）注：注解；诠释。

够戒掉，寿与天齐。"潜心研究三教而不能参透这一关，是不可能有所收获的。何况杀生肆意满足口腹之欲，贪恋女色而丧失真元，两者互为因果，势必更加互相助长。放纵肉欲，必然得病，因而想要吃些肥美甘甜的食品来补养身体，但多吃使人精气昏浊，淫欲作祟使你入魔，既迷于饮食又迷于女色。如果甘心粗茶淡饭，欲火就不会点燃。如果经常遵守清净无为的戒律，就会安于粗粝的饮食，从贪恋女色和满足食欲中同时醒悟过来。本人体弱多病，对于饮食男女之事尤其害怕。辞官回到家乡，有空闲时翻阅过去的书籍，随手摘录有关警句名言，分门别类编成此书，不分正确与错误，也不管先后顺序，聊以自我醒悟鉴戒，以代替约束自己的铭言。至于一些精细入微的地方，诠释注解所不能达到的，又从何写起呢？虽然，太上忘形，真心无相，放弃源流根本而在支流中辨别清浊，这不是舍本逐末吗？说这些不是多余的话是不可以的。他日有高明的人，愿意用此书覆酱菜坛子吗？皆春居士题识。

戒奢侈①

东坡居士②在黄州③尝书云："自今以往，早晚饮食不过一爵④一肉，有尊客则三之，可损不可增，召我者预以此告。一曰，安分以养福；二曰，宽胃以养气；三曰，省费以养财。"

【译】苏东坡在黄州的时候，曾经写道："从过去到现在，每天早晨和晚上的饮食不超过一杯酒、一碗肉，如果有尊贵的客人就是三样，只能减少而不增加。有人来请我去做客，事先我都要把这个规矩告诉他们。这样做的好处是：第一，守本分可以增添福分；第二，宽肠胃可以保养气血；第三，节省开支可以增加财富。"

范文正公⑤曰："吾夜就寝，自计一日食饮奉养之费，

---

① 书中各标题均为注译者所加。

② 东坡居士：苏轼（公元1037—1101年），字子瞻，一字和仲，号东坡居士，眉州眉山（在今四川）人，他是北宋杰出的文学家，也是书画家。

③ 黄州：地名，在今湖北黄冈北。

④ 一爵：一杯酒。爵，古代饮酒的器皿。

⑤ 范文正公：范仲淹（公元989—1052年），字希文，谥文正，吴县（今江苏苏州）人，北宋文学家，有《范文正公文集》。

及所为之事，果相称则鼾鼻①熟寐，或不然则终夕不能安眠，明日必求所以补之者。”

范仲②座右诚③曰：“凡饮食，不可拣择去取。”

【译】范仲淹说：“我每天夜晚睡觉的时候，自己总要计算一下当天吃喝和供养老人所花掉的费用，以及白天所做过的事情。如果支出和收入相称，也没有做过什么错误的事情，那就会打鼾而熟睡，如果不是这样，那就会整个晚上都睡不好觉。第二天一定要找个弥补的办法。”

范仲淹用来告诫自己的座右铭说：“凡是吃喝，不能够挑这拣那，喜欢的就吃，不喜欢的就不吃。”

李若谷④为长社⑤令，日悬百钱于壁，用尽即止。东坡谪⑥齐安⑦，日用不过百五十，以竹筒贮⑧，不尽者待宾客。

---

① 鼾鼻：打呼噜。

② 范仲：范仲淹。

③ 座右诚：座右铭，写后放在座位的右边，用以自警。

④ 李若谷：字子渊，谥康靖，北宋丰（在今陕西长安西南洋河以西）人，仁宗时任资政殿大学士。

⑤ 长社：古县名，治所在今河南长葛东。

⑥ 谪（zhé）：被流放或贬职。

⑦ 齐安：地名，黄州。在今湖北黄冈西北一百二十里。

⑧ 贮（zhù）：储存。

与李公择^①书云："口腹之欲何穷之有？每加节俭，亦是惜福延寿之道。"

【译】李若谷担任长社县令的时候，每天将一百钱挂在墙壁上，用完了就停止。苏东坡被贬职到齐安，每天用钱不超过一百五十，用竹筒子把钱装着，用不完的留作招待客人。苏东坡给李公择写信说："嘴巴和肚子的欲望，哪里有什么穷尽呢？经常做到节省俭朴，也是爱惜幸福延长寿命的方法。"

郑亨仲^②曰："吾平生贫苦，晚年登第^③，稍觉快意，便成奇祸，今学张子韶^④法，要见旧齑^⑤盐风味甚长久。"

【译】郑亨仲说："我往常贫苦，晚年考中进士做了官，刚刚才觉得快活舒服一点，就成了突然的灾祸。现在学习张子韶的方法，要看见往日吃过的腌菜仍然觉得风味特别好。"

① 李公择：李常，字公择，北宋皇祐进士，哲宗时官拜御史中丞。

② 郑亨仲：明代合肥人，太祖朱元璋时因袭父职为副千户，明成祖朱棣时迁中府左都督，封武安侯。

③ 登第：科举时代考中进士为登第，也叫登科。

④ 张子韶：张九成（公元1092—1159年），南宋钱塘（今浙江杭州）人，字子韶，理学家杨时的弟子，绍兴进士，历官著作郎、宗正少卿、权礼部侍郎，著有《孟子传》《横浦集》等。

⑤ 齑（jī）：切碎的腌菜或酱菜。

范忠宣公①平生自奉养无重肉②，不择滋味粗粝，每退食自公③，易衣短褐④，率⑤以为常，自少至老，自小官至大官如一。亲族子弟有请教者，公曰："唯俭可以助廉⑥，唯恕⑦可以成德。"

　　【译】范忠宣公平素自己的饮食供养没有色味浓、分量多的肉，不选择粗米味道，每次退朝以后在家里吃饭，脱下朝服换上粗布衣服，一直都是这样做，已经成了习惯，从年轻到年老，从做小官到做大官，始终都是这样。亲属和学生当中有请教他的人，范忠宣公对他们说："只有俭省朴素才能够做到廉洁；只有能宽恕别人的过错，才能够养成高尚的道德。"

————————

① 范忠宣公：范仲淹的次子范纯仁，字尧夫，虽中进士但不愿做官，其父死后才历任襄城县令、侍御史，因反对王安石新法而出知河中府，历转河州、庆州，哲宗时任尚书仆射、中书侍郎，因主张改革士风而得罪了章祐，被贬置永州，死后谥忠宣。

② 重肉：色味浓、分量大的肉。

③ 退食自公：臣子退朝以后在家吃饭。

④ 易衣短褐（hè）：换上粗布衣服。短褐，粗布衣服。

⑤ 率：一直或大致，一般。

⑥ 廉：克己奉公。

⑦ 恕：宽恕，原谅，不计较过错。

张庄简公①性素清约②，见风俗奢靡③，益崇④节俭，以率⑤子孙，书屏⑥间曰："客至留馔，俭约适情，殽⑦随有而设，酒随量而倾⑧，虽新亲⑨不抬饭⑩，虽大宾⑪不宰牲，匪直⑫戒奢侈而可久，亦将免烦劳以安生⑬。"

　　【译】张庄简公性格历来清廉俭朴，看见奢侈浪费的风俗习惯，就更加推崇节约俭朴，并用来教育自己的儿子、孙子，给他们做出表率。他在照壁上写道："客人来了留下吃饭，俭朴节省适合情理，菜肴根据现有的东西而决定安排，酒根据客人的酒量而斟。虽然是第一次来的亲戚也不劝人多吃饭，虽然是高贵的宾客也不宰杀牲畜。这样不但可以戒除

① 张庄简公：章楶，字质夫，试礼部第一，元悖初知庆州，哲宗商以边事，命知渭州，在泾源四年，宋徽宗赵佶即位，官拜枢密院事，卒谥庄简。

② 清约：清廉俭朴。

③ 奢靡：奢侈浪费。

④ 益崇：更加推崇。

⑤ 率：这里是做出表率的意思。

⑥ 屏：当门的小墙，也称照壁、萧墙。

⑦ 殽（xiáo）：通"肴"，鱼、肉荤菜等。

⑧ 倾：倒。

⑨ 新亲：第一次来的亲友。

⑩ 抬饭：不劝客人多吃饭。

⑪ 大宾：贵宾。古代多指君王的宾客。

⑫ 匪直：不仅仅。

⑬ 安生：生活安逸、安静，不生事。

奢侈浪费使家业能够长久维持，而且也可以免除麻烦劳累，得以安静地生活。"

王公曾①与孙冲②同榜③，冲子京谒公，公留吃饭，饬④子弟⑤云："已留孙京吃饭，安排馒头。"馒头时盛馔矣！公饬安排，则非家常饭可知。

【译】王曾和孙冲同时考中进士。孙冲的儿子孙京拜见王曾，王曾留孙京吃饭，吩咐家里子弟说："我留孙京在这里吃饭，安排吃馒头。"馒头在当时是很好的饮食啊！高级官吏亲自吩咐安排，可想而知那就不是普通的家常便饭了！

① 王公曾：王曾，北宋益都（今山东寿光）人，字孝先，仁宗时官拜中书侍郎，封沂国公，哲宗时高太后听政，被贬出知青州，卒谥文正，有《王文正笔录》。
② 孙冲：北宋棘人，字升伯，真宗时任侍御史，后为河中知府，迁任潞州，为官正直能干。
③ 同榜：真宗时王曾与孙冲同时考中进士。
④ 饬：命令。
⑤ 子弟：这里指家中年轻的一辈。

韩公亿①与李公若谷同游汝州②，赵太守③请李为门客④，尤敬待韩，每韩至令设猪肉。李常简⑤戏云："久思肉味，请兄早访。"太守礼⑥门客，虽猪肉亦不常设。古人节俭若此，今以馒头猪肉为粗食，恒用何哉？

【译】韩亿和李若谷一起到汝州游玩，汝州赵太守常常邀请李若谷去做客吃饭，对韩亿特别优待，每次韩亿来了都吩咐下属设置猪肉做的菜肴。李若谷常常写信给韩亿开玩笑地说："长时间想起猪肉的味道，请兄早一点去拜访赵太守。"太守招待请来吃饭的客人，即使是猪肉也不是时常都设置。古代的人都是这样节省俭朴，现在人们认为馒头和猪肉只不过是粗俗的食物。那么，平时经常吃些什么呢？

① 韩公亿：韩亿，字宗魏（公元972年—1044年），祖籍真定灵寿（今属河北），后徙居开封雍丘（今河南杞县）。北宋的名臣，庆历二年（公元1042年），以太子少傅致仕。庆历四年（公元1044年），韩亿去世，年七十三。获赠太子太保，谥号忠献（一作忠宪）。有文集十卷，已佚。

② 汝州：古地名，辖境相当于今河北北汝河、沙河流域各县。

③ 赵太守：汝州太守。

④ 门客：门下食客。

⑤ 简：这里作动词，意思是写书信。

⑥ 礼：这里作动词，优待。

唐高钺侍郎兄弟三人①俱居清列②，非速客不羹③胾④，夕饭惟食卜⑤匏⑥，所以簪⑦缨济济⑧，显融久长。

【译】唐朝高钺、高铢、高锴兄弟三人，都是清正廉洁的高官，不是招待邀请来的客人就没有一碗羹一碗肉这两样，晚饭只吃萝卜、匏瓜，所以这一家能够有许多人居高位，长期显贵、和谐、快乐。

杜祁公⑨为相食于家，一面一饭，天性清俭，在官不燃官烛⑩，油灯一注⑪，荧然⑫欲灭，对客清谈⑬而已，故年逾八

① 唐高钺（yì）侍郎兄弟三人：指唐代高钺、高铢、高锴兄弟三人。他们都很有成就，生活十分俭朴，受到当时士大夫们的景仰和尊重。

② 清列：朝官的行列。

③ 羹：肉汤。

④ 胾（zì）：切成大块的肉。

⑤ 卜：萝卜。

⑥ 匏（páo）：匏瓜，俗称瓢葫芦。

⑦ 簪（zān）缨：簪和缨是古时达官贵人的冠饰，古代用来作做官人的代称。

⑧ 济济：众多貌。

⑨ 杜祁公：杜衍，宋山阴（今浙江绍兴）人，字世昌，大中祥符进士，历知外郡，因为官清正廉明，仁宗时特召为御史中丞兼判吏部流内铨，拜枢密使，与范仲淹等共同革除官场恶习为奸党所嫉妒，担任宰相百天就被罢免，封祁国公，卒谥"正献"。

⑩ 官烛：专供官府用的蜡烛。

⑪ 一注：仅点一盏灯。

⑫ 荧然：形容光亮很微弱的样子。

⑬ 清谈：这里是仅仅有交谈，而没有饮食酒宴招待的意思。

旬，寿考①终吉②。

【译】杜祁公担任宰相在家中吃饭，只有一种面一种饭，生来就清廉俭朴，他担任宰相却不点官府用的蜡烛，仅点一盏油灯，光亮微弱简直像就要熄灭一样，对来访的客人，不招待饭食，只不过谈谈罢了，因而他年岁超过八十，享有高寿，一辈子都平安顺利。

李德裕③奢侈，一杯羹费钱三万，晚有南荒④之谪。

【译】李德裕生活非常奢侈，一杯羹就花掉了银钱三万，所以晚年就受到贬谪到南边很远的地方的处罚。

寇莱公⑤少年富贵，不点油灯，夜宴剧饮，烛泪成堆，

---

① 寿考：高寿。

② 终吉：一辈子都平安顺利。

③ 李德裕（公元787—850年）：唐大臣，字文饶，赵郡（今河北赵县）人，李吉甫（唐宪宗时大臣）的儿子，出身世家，历任浙西观察使，西川节度使等职，武宗时任宰相。他反对李宗闵、牛僧孺集团，是牛、李党争中李派首领，后遭牛派打击，贬崖州。

④ 南荒：指南方很远的地方。荒，这里指远方。

⑤ 寇莱公：寇准（公元961—1023年），字平仲，北宋政治家。

晚有南迁之祸①，人皆以为奢报②，信矣。

【译】寇准年轻的时候很有钱财，不点油灯，每天夜晚设豪华酒宴大吃大喝，滴下来的蜡烛油集成了堆。因此，晚年就有贬谪到南方的灾祸，人们都认为是奢侈的报应，真不错啊！

岂惟臣哉！天宝③中，贵戚④相竞⑤进食，珍羞⑥毕集⑦，失国出奔⑧至咸阳⑨，日中⑩未食，杨国忠⑪市⑫胡饼⑬，民献

① 南迁之祸：指寇准晚年被贬雷州（今广东海康）司户参军，死于南方。

② 报：指报应，种善因得善果，种恶因得恶果。是佛教的说法。

③ 天宝：唐玄宗年号，起于公元742年，止于公元756年。

④ 贵戚：帝王的内外亲族。

⑤ 相竞：相互比赛。

⑥ 珍羞：珍奇贵重的食物。

⑦ 毕集：全部都集中了。

⑧ 失国出奔：指天宝十四年（公元755年）安禄山起兵叛乱，攻陷洛阳，唐玄宗出逃。

⑨ 咸阳：古市名，在今陕西咸阳。

⑩ 日中：中午。

⑪ 杨国忠：杨贵妃堂兄，本名钊（？—公元756年），赐名国忠，唐蒲州永乐（今山西永济）人，天宝十一年（公元752年）李林甫死，他取代李任右相，结党营私，贿赂公行，安禄山以"讨国忠"为名发动叛乱，他随玄宗逃往四川，在马嵬（wéi）驿（今陕西兴平西）被士兵杀死。

⑫ 市：买。

⑬ 胡饼：烧饼。

粝饭杂以麦豆。皇孙①手掬②未饱而泣。天子③不能无暴殄④之报。而况吾人乎！

【译】哪里只有臣子是这样呢。唐朝天宝年间，皇亲贵戚常常相互比赛所吃食物珍奇贵重，各种山珍海味应有尽有。安禄山叛乱的时候，玄宗皇帝从京都逃到咸阳，到中午还没有吃饭。杨国忠买来一些烧饼，还有老百姓奉献的掺杂有麦子、豆子的糙米饭。皇子、皇孙们双手捧着烧饼和糙米饭，肚子没有吃饱却在那里不住地哭泣。皇帝都不能不受到随意糟蹋东西的报应，又何况我们这些普通的人呢！

司马温公⑤言其先公⑥为群牧判官⑦，客至未尝不置酒，

---

① 皇孙：皇帝的子女。

② 掬（jū）：用两手捧起。

③ 天子：古时统治天下的帝王。

④ 暴殄（tiǎn）：不爱惜财物，随意糟蹋东西。殄，尽，绝。

⑤ 司马温公：司马光（公元1019—1086年），北宋大臣，史学家，字君实，陕州夏县（今属山西）涑水乡人，世称涑水先生，宝元进士，仁宗末年任章阁待制兼侍讲知谏院，主持编纂《资治通鉴》，至元丰七年（公元1084年）成书。元丰八年（公元1085年），哲宗即位，高太皇太后听政，召他入宫主持国政，次年任尚书左仆射，兼门下侍郎，为相八个月病死，封追温国公。

⑥ 先公：去世的父亲。

⑦ 群牧判官：掌管国家马匹的牧养、训练以及使用和收买、交换的官职。

或三行或五行，不过七行^①，酒沽^②于市，果止^③梨、栗^④、枣、柿，殽止脯^⑤、醢、菜羹，器用瓷漆^⑥。当时士夫^⑦家皆然^⑧，会数^⑨而礼勤，物薄^⑩而情厚。近日，士夫家酒非内法^⑪，果非远方珍异，食非多品，器非满案，不敢作会，尝数月营聚^⑫，然后发书，风俗颓弊如是。

【译】司马温公说他的父亲被任命担任群牧判官的时候，客人来了不是不摆设酒招待，只不过给满座斟酒三遍或者五遍，不超过七遍。酒是临时到集市上去买的，水果只有梨、栗、枣、柿，菜肴仅有干肉酱和素菜羹，餐具用的只不过是普通的黑色瓷器。当时做官的人都明白，像这样聚会的次数很多，而且礼貌总是周到热情的。虽然物质享受很少，

① 七行：斟酒七遍。行，即巡，这里作量词用，意思与"次"相同。三行、五行，即斟酒三遍、五遍。

② 沽：买或卖。这里指买。

③ 止：只有。

④ 栗：板栗。

⑤ 脯：干肉。

⑥ 瓷漆：黑色的粗瓷器。

⑦ 士夫：士大夫。古代指官僚阶层，也指有地位、有声望的读书人。

⑧ 然：明白；懂得。

⑨ 会数：聚会的次数较多。

⑩ 物薄：吃的东西很简单。

⑪ 酒非内法：酒不是最好的。内法，按宫廷规定的方法酿造的（酒）。内，皇宫。

⑫ 营聚：经营集聚。

然而感情却是深厚的。现在，做官人家酒宴就并不是这样了。如果酒不是上等的、水果不是远方珍贵稀奇的、菜肴不是多种多样的、餐具器皿不摆满桌子的，就不敢请客聚餐。因此，常常要准备好几个月，然后才发请帖，社会风气竟腐败到这样的程度。

公^①在洛^②，文潞公^③、范忠宣公约为真率会^④，脱粟^⑤一饭，酒数行。诗云："随家所有自可乐，为具更微谁笑贫？"惜富养财，有补风化^⑥不小。

【译】司马光在洛阳的时候，与文彦博、范纯仁相约便餐，吃的是糙米饭，只斟几次酒。司马光写了一首诗说："随家所有自可乐，为具更微谁笑贫？"爱惜财富不乱花钱，对端正社会风气有很大的帮助。

---

① 公：指司马光。

② 洛：洛阳的简称。

③ 文潞公：文彦博（公元1006—1097年），北宋大臣，字宽夫，汾州介休（今属山西）人，仁宗时进士，庆历末以镇压王则起义由参知政事任宰相，元祐五年（公元1090年）退职，前后任事约五十年，封潞国公。

④ 真率会：宋邵伯温《闻见前录》载："宋司马光罢政在洛，常与故老游集，相约酒不过五行，食不过五味，号真率会。"真率，直爽；坦率，不讲排场的意思。

⑤ 脱粟：粗粮，糙米。

⑥ 风化：风俗教化。

仇泰然①守四明②，与一幕官③相得，一日，问及："公家日用几何？"对曰："十口之家，日用一千。"泰然曰："何用许多钱？"曰："早具少肉晚菜羹。"泰然惊曰："某为太守④，居常不敢食肉，只是吃菜。公为小官，乃敢食肉，定非廉士。"自尔⑤见疏⑥。

【译】仇泰然担任四明府太守时，与一名幕府官吏很要好。有一天，仇泰然问他："你家里每天用多少钱？"幕官回答说："我家里共有十口人，每天用一千钱。"泰然说："怎么要用这么多钱？"幕官说："早上一定都有少量的猪肉，晚饭也有菜汤。"仇泰然十分惊奇地说："我身为太守，也不敢经常吃肉，只吃素菜。你是个小官，却敢每天吃肉，一定不是个廉洁的官吏。"从那以后，那名幕官就渐渐地被疏远了。

予尝谓节俭之益，非止一端。大凡贪淫之过，未有不

① 仇泰然：仇悆（yù），宋益都（今山东益都）人，字泰然，大观进士，曾任祐州司法、庐州知州、陕西都转运使，被秦桧排挤失掉官职，秦桧死后又任左朝议大夫，封益都伯。

② 四明：明朝时浙江宁波府的别称，以境内有四明山得名。

③ 幕官：太守幕府的官吏。

④ 太守：官名。隋唐以后习惯上仅用作刺史或知府的别称。

⑤ 自尔：从那以后。

⑥ 见疏：被疏远。

生于奢侈者。俭则不贪不淫，是可以养德也。人之受用自有剂量，省啬①淡泊②，有长久之理，是可以养寿也。醉浓③饱鲜④，昏人神志⑤。若疏食⑥菜羹，则肠胃清虚，无滓无秽，是可以养神也。奢则妄取苟求⑦，志气卑辱⑧。一从俭约，则于人无求，于己无愧，是可以养气也，故老氏⑨以为一宝。

【译】我曾经说，节约俭朴的好处，不止一个方面。凡是贪污淫乱的过错，都没有不是由奢侈浪费引起的。生活俭朴才能够不贪淫，这是能够培养人们道德的。人们对生活的享受本应有个规定的限度，节俭而不追求贪欲，长期坚持一定的生活规律，这样可以增加寿命，过度地饮酒，贪食美味，会迷糊人的精神志气。如经常吃的是粗茶淡饭，肠胃就清洁空虚，没有渣滓也没有污秽的东西，这样可以养心安

① 省啬：节俭。

② 淡泊：不追求享受。

③ 醉浓：过度地饮烈性酒。

④ 饱鲜：饱食美味。

⑤ 神志：精神志气。

⑥ 疏食：素食。

⑦ 苟求：随意追求。

⑧ 卑辱：卑鄙；耻辱。

⑨ 老氏：老子，相传春秋时思想家，道家的创始人，一说即老聃（dān），姓李名耳，字伯阳，楚国苦县（今河南鹿邑东）厉乡曲仁里人，做过周朝"守藏宝之吏（管理图书的史官）"。

神。奢侈就会胡乱享受和随意追求，人格就会低下卑鄙。一旦按照节约俭朴去做，就不会有求于他，对自己也没有什么惭愧的地方，这样做就可以树立远大的志向，养成高尚的人格，所以老子认为这是一种宝贵的东西。

戒多食

佛言"受①"即是"空"，谓受苦、受乐及一切受用也。如：食列数味，放箸即空矣。

【译】佛家说随感观生起的苦、乐、忧、喜等感情都是空虚的，这里所说的是指受苦、受乐以及所有的受用。例如：吃到各种各样的美味，放下筷子很快就没有感觉了。

经云："若食足矣，更强食者，不加色力②，但增其患，是故不应无度食也。四百四种病③，宿食④为根本，凡当得病，先宜减食。"

【译】佛经说："如果肚子吃饱了，还要勉强再吃的人，非但不能增强其体质，反而会带来更多的害处。因为这个缘故，所以不应该没有限度地吃东西。各种疾病、生病的主要原因在于平时的饮食。凡是患了病的，首先最好减少食量。"

---

① 受：佛教名词。即随感观生起的苦、乐、忧、喜等感情。

② 色力：颜色和气力。这里指人的体质。

③ 四百四种病：佛家语，意指多种疾病。

④ 宿食：指平时的饮食。

断际禅师①曰："有识食，有智食，四大②之身，饥疮③为患。随顺给养不生贪著，谓之智食；恣情取味，妄生分别，追求适口，不生厌离④，谓之识食。"

【译】断际禅师说："有'识食'，还有'智食'。人的身体饥饿和疾病是很大的祸害。根据身体的需要和可能条件而不特别贪食，叫作'智食'。任凭自己的爱好选择口味，胡乱地挑这选那，只要求适合口味，不产生吃饱了就放弃的感觉，叫作'识食'。"

多食之人有五苦患：一者大便数⑤；二者小便数；三者

① 断际禅师：唐代高僧希运禅师，黄檗（bò）的开山鼻祖。他启发其弟子义玄禅师创立了中国佛教禅宗五宗之一的"临济宗"，后来传入日本、朝鲜等国，信徒众多。"断际"是唐宣宗授予希运禅师的一个封号。1982年初，在江西宜丰黄檗山发现了他的墓塔。

② 四大：佛教名词，全称"四大种"，即构成物质世界的四大元素（地、水、火、风）。佛教认为人的肉身也是由"四大"构成的。

③ 饥疮：饥饿疾病。

④ 厌离：讨厌而放弃。

⑤ 数：次数频繁；多。

饶^①睡眠；四者身重^②不堪修业^③；五者多患食不消化，自滞^④苦际。日中后不食有五福：一者减欲心；二者少卧；三者得一心；四者无有下风^⑤；五者身安稳，亦不作病。

【译】吃得过多的人有五种痛苦或害处：第一种是大便次数多；第二种是小便次数多；第三种是睡眠特别多；第四种是身体肥胖，不能够很好地学习和工作；第五种是吃多了不容易消化，自己把自己陷于痛苦的境地。正午过后不再吃东西有五条好处：第一条是减少欲望；第二条是瞌睡少；第三条是能够专心致志；第四条是没有频繁的大小便；第五条是身体健康，也不生疾病。

至人^⑥云："人生衣、食、财、禄皆有定数^⑦，若俭约不贪，则可延寿；奢侈过求，受尽则终。譬如：有钱一千，日用一百，则可十日；日用五十，可二十日。若恣纵贪侈，立见败亡。一千之数，一日用尽，可不畏哉！"或曰："奢侈

① 饶：多。

② 身重：身体发胖，体重增加。

③ 修业：研究，学习。

④ 滞：陷于。

⑤ 下风：或指屁、屎、尿等过多。风，疾病名。

⑥ 至人：至仁，元僧，字行中，别号熙怡叟，苏州万寿寺长老，博综经传，诗歌文章也写得很好，著有《澹居稿》。

⑦ 定数：命里注定的年龄。

而长寿者何也？"盖当生之数多也。若更廉俭，则愈长矣！

【译】元代高僧至仁说："人一生当中穿衣、吃饭、钱财、福气都是事先决定了的。如果俭朴节省不贪心，就可以延长寿命；如果奢侈过分地贪图享受，享受完了也就结束了。例如：有一千钱，每天用一百，就可以用十天；每天用五十，就可以用二十天。如果任意挥霍浪费，马上就会消耗殆尽。一千钱这样大的数目，一天就用光了，不是很可怕吗？"有人又要说："奢侈而长寿的人又是什么原因呢？"大概这个人原来应该活的寿命本来就长，如果他更加廉洁俭朴，那还可以活得更长些。

尹真人①曰："三欲者，食欲、睡欲、色欲。三欲之中，食欲为根。吃得饱则昏睡，多起色心。止可吃三二分饭，气候自然顺畅。饥生阳火②炼阴精③，食饱伤神气④不

---

① 尹真人：人名，道士，生平不详。

② 阳火：中医学指肾阳，亦称"真阳""元阳""命门之火"。指肾脏的阳气，有温养脏腑的作用，为人体阳气的根本，与肾阴相互依存，两者结合，以维持人体的生理功能和生命活动。

③ 阴精：中医学指肾阴，亦称"真阴""肾水"，指肾脏的阴精，有滋养脏腑的作用，为人体阴液的根本，与肾阳相互依存。

④ 气：古代哲学名词，指构成宇宙万物的物质性的东西。这里指人的身体气质。

升。朝打坐^①，暮打坐，腹中常忍三分饿。"

【译】尹真人说："三种欲望是食欲、睡欲、性欲。这三种欲望当中，食欲是最基本的。吃得饱就特别想睡觉，也会增强性欲。只可以吃两三成饱，身体气质就自然畅快舒服。吃得不过饱，人的生理功能会更好，生命力会更加旺盛；吃得过饱，会损伤人的精神，体质也不能增强。早晨打坐，傍晚打坐，腹中经常忍受三分饥饿。"

---

① 打坐：僧、道修行方法的一种，闭目盘膝而坐，调整气息出入，手放在一定的位置上，不想任何事情。

慎杀生 ①

《礼记》②曰："君③无故不杀牛；大夫④无故不杀羊；士⑤无故不杀犬豕；君子⑥远⑦庖厨，血气⑧之类践⑨也。"

【译】《礼记》说："君王没有特殊原因不随便杀牛；大夫没有特殊原因不随便杀羊；士没有特殊原因不随便杀狗和猪；地位高或人格高尚的人不接近厨房，是因为有生命的动物在这里被杀死了。"

曾鲁公⑩放生⑪，以蚬蛤之类为人所不恤而活物之命多

---

① 原文有删节。

② 《礼记》：书名，儒家经典之一，是关于秦汉以前各种礼仪的论著。

③ 君：国君。

④ 大夫：古代官职，地位在卿的下面、士的上面。

⑤ 士：古代介于大夫和庶民之间的阶层。

⑥ 君子：古代指地位高的人或人格高尚的人。

⑦ 远：不接近，离开。

⑧ 血气：借指生命。

⑨ 践：通"剪"，杀灭掉的意思。

⑩ 曾鲁公：曾子（公元前505—前436年），春秋末鲁国南武城（今山东费县）人，名参，字子舆，孔子学生，以孝著称，被封建统治者尊为"宗圣"。

⑪ 放生：释放动物。信佛的人把放生看作一种行善的举动。

也。一日，梦被甲者数百人前诉，寤^①而问其家，有惠^②蛤蜊^③数筲^④者，即遣人放之，夜梦被甲者来谢。

【译】曾鲁公释放蚬、蛤这一类为人们所不怜悯的小动物，使它们的生命得以拯救。有一天，他梦见有披着盔甲的几百人前来向他诉苦。他醒来之后问他的家人，原来是有人送来几篓蛤蜊，于是立即叫人放生了。这天夜晚，他又梦见披着盔甲的人前来感谢他。

东坡云："余少不喜杀生，时未断也。近年始能不杀猪羊。然性嗜蟹蛤，故不免杀。自去年得罪下狱，始意不免，既而得脱，遂自此不杀一物，有饷^⑤蟹蛤者放之江中，虽无活理，庶几^⑥万一，便不活，愈于^⑦煎烹也。非有所觊^⑧，但已亲经患难，不异鸡鸭之在庖厨，不复以口腹之故，使有生之类受无量怖苦尔，犹恨未能忘味，食自死物也。"

---

① 寤（wù）：睡醒了。

② 惠：赠送。

③ 蛤蜊：一种软体动物，生活在浅海底。

④ 筲（yān）：一种竹制的编织较密的篓子。

⑤ 饷：赠送。

⑥ 庶几：表示可能或期望。

⑦ 愈于：胜过。

⑧ 觊（jì）：非分的希望或企图。

【译】苏东坡说："我年轻时不喜欢杀害动物的生命，但又并未戒除。近些年来开始能够做到不宰杀猪、羊。但是，我又特别喜欢吃螃蟹、蛤蜊，所以仍然不可避免要杀害动物的生命。自从去年犯罪被捕坐了监狱，才开始想到再不能这样了。过了一段时间，我获得释放，于是我就不再杀害任何一种生物的生命了。有人给我送来螃蟹、蛤蜊，我就放到江里去，虽然成活的可能性不大，哪怕只有万分之一的希望也好，即使是活不了也比煎烹它们要好些。这并不是我有什么非分的企望，而是我自己亲身经历过痛苦和灾难，那种痛苦和难受与鸡、鸭在厨房被煎烹差不多，这就是我不再任凭嘴巴和肚子的欲望而杀生的原因。如果忘记不了美味，就食用自死的动物吧。"

唐张易之兄弟①侈于食，竞为惨酷，为大铁笼置鹅鸭于内，当中起炭火，铜盆贮五味汁，鹅鸭绕火走，渴即饮汁，火炙痛即回，表里皆热②，毛落尽肉赤乃死。昌宗以其法作

---

① 张易之兄弟：老大易之（？—公元705年），唐定州义丰（今河北安国）人，官任司卫少卿。老二昌宗（？—公元705年），通晓音乐，由太平公主引荐入侍武则天，深得宠爱。老三昌仪为太平公主所宠。武则天晚年，张易之兄弟专权，败坏政事，公元705年被张柬之杀死。

② 热：加热烤熟。

驴炙。昌仪用铁镢①钉狗四足，按鹰鹞②，肉尽而狗未死，号叫酸楚③不可听。易之过④昌仪，忆马肠。昌仪从骑铍⑤肋取肠，良久乃死。后洛阳人⑥脔⑦易之、昌宗肉，肥白如熊肪⑧，煎炙而食，打昌仪双脚折，掏⑨取心肝。孰谓无天报哉？

【译】唐朝张易之兄弟三人在吃的方面非常奢侈，一个比一个残忍。老大张易之用大铁笼把活的鹅、鸭关在里面，铁笼中间用木炭生起火，用铜盆装上甜、酸、苦、辣、咸各种味料调成的料汁。关在铁笼中的鹅、鸭围绕着火不停地跑动，渴了就喝铜盆中的料汁。被火烘烤得疼痛就又掉转头来跑动，这样身体的另一个侧面也被炭火烘烤，两面都得到加

---

① 铁镢：刨土用的一种农具，类似镐。

② 鹰鹞（yào）：雀鹰的通称，上嘴呈钩形，足趾上有锐利的爪，性情凶猛，捕食小兽及其他鸟类。

③ 酸楚：辛酸苦楚，形容极度凄惨的情景。

④ 过：访问，探望。

⑤ 铍（pī）：长矛。

⑥ 洛阳人：指张柬之（公元625—706年），唐襄州襄阳（今湖北襄阳）人，曾任洛州（今河南洛阳）司马。公元705年，武则天病，他与桓彦范、敬晖等乘机发动政变，诛杀张易之兄弟，恢复中宗帝位，升任天官尚书，功封五爵，不久为武三思所排挤，罢免相职，次年，贬为新州司马，愤恨而死。

⑦ 脔：把肉剁成块。

⑧ 熊肪：熊的脂肪。熊掌因脂肪多，味道极美，是八珍之一。

⑨ 掏：挖取。

热，身上的羽毛被火炙得全部燃烧光了，肉烤成红色，这时鹅、鸭也就被火烤死了。老大用这种残酷办法吃烤鹅、鸭，老二张昌宗就用这种办法制作烤驴。老三张昌仪用铁镢将狗的四只脚钉住，让性情凶猛的鹰鹯啄食，肉被鹰啄吃光了而狗还没有死，发出刺耳的叫声，那凄惨痛苦的叫声简直叫人不忍心听进去。张易之到张昌仪的地方探望张昌仪的时候想吃马肠子，张昌仪就用长矛从活马的肋部挖出肠子，活马的肠子被挖出来后，过了很长时间才死。后来张易之和张昌宗被张柬之杀死，肉被剐成块；其肉又肥又白像熊的脂肪一样，煎烤熟后吃了。他们把张昌仪的双脚打断，挖出心肝。谁说不是他们胡作非为上天降下的报应呢？

蔡京①作相，大观②间因贺雪赐宴于京第③，庖者杀鹌子④千余。是夕⑤，京梦群鹌遗⑥以诗曰："啄君一粒粟，为君羹内肉。所杀知几多，下箸嫌不足。不惜充君庖，生死如转

① 蔡京：北宋兴化仙游（今属福建）人，字元长（公元1047—1126年），熙宁进士，绍圣元年（公元1049年）章惇执政，任户部尚书，徽宗即位后被罢免，乃勾结童贯。崇宁元年（公元1102年）为右仆射，后任太师，以恢复新法为名，加重剥削，排除异己，被称为"六贼之首"。金兵攻打宋朝时，带全家南逃，被钦宗放逐赴岭南，途中死于潭州（今湖南长沙）。

② 大观：北宋徽宗年号，起于公元1107年，止于公元1111年。

③ 京第：蔡京的住宅。

④ 鹌子：鹌鹑。

⑤ 是夕：当天晚上。

⑥ 遗：送，给予。

穀^①。劝君慎勿食，祸福相倚伏^②。"京由是不复食。

【译】蔡京担任宰相时，大观年间因为庆贺下雪在京城的住宅大摆酒宴，厨师宰杀了一千多只鹌鹑。这天晚上，蔡京梦见一群鹌鹑写给他一首诗说："吃了您一粒谷子，成了您碗中羹内的肉末。被您杀死的鹌鹑不晓得有多少，可是吃起来仍然还嫌少。不可怜痛惜让这么多的鹌鹑装满您的厨房，生和死好比那转动的车轱辘在不断地转换。奉劝您千万不要吃这些鹌鹑，灾祸是幸福依附存在的地方，幸福又是灾祸隐藏的地方，灾祸和幸福可以互相转化。"蔡京因为这个缘故就不再吃鹌鹑了。

戴石屏^③见烹犊^④延客^⑤者，诗云："田家茧栗^⑥犊，小小

---

① 毂（gǔ）：车轱辘。

② 倚伏：《老子》说："祸兮福之所倚，福兮祸之所伏。"意思是说祸是福依托之所，福又是祸隐藏之所，祸福可以互相转化，简略说成倚伏。倚，依托。伏，隐藏。

③ 戴石屏：戴璟，明奉化（今浙江奉化）人，字孟光，号石屏，嘉靖进士。

④ 犊：小牛。

⑤ 延客：款待客人。

⑥ 茧栗：形容幼牛角小如茧、栗子。《礼记·王制》说："祭天地之牛，角茧栗，宗庙之牛，角握。"

可怜生，未试一犁力①，俄②遭五鼎③烹。朝④来古食指⑤，妙绝此杯羹。口腹为人累⑥，终怀不忍情。"

【译】戴石屏看见有人杀死小牛烹制成菜肴来款待客人，写了一首诗说："农民喂养的角小如蚕茧、栗的幼牛，这可怜的小生命。它还没有来得及试一试耕田的力气，马上就遭遇到用五鼎来烹制。前来拜见的很多客人，都等待着吃上一碗这味美绝妙的牛肉羹。嘴巴和肚子是人的牵累，但毕竟还是怀有不愿意这样残酷的怜悯感情。"

---

① 犁力：指牛耕田的力量。犁，一种耕田的农具。

② 俄：顷刻，片刻。

③ 五鼎：古代烹食物的器具。

④ 朝：谒见尊敬的人。这里指来拜见的客人。

⑤ 食指：用手指计算人数，比喻等待吃饭的人很多。

⑥ 累：牵累。

戒贪酒

《礼》①曰："豢②豕为酒，非以为祸也。而狱讼③益繁④，则酒之流生祸也！是故，先王因为酒礼⑤，一献之礼，宾主百拜⑥终日饮而不得醉焉，所以备酒祸也！"

【译】《礼记》这本书上说："养猪造酒并不是为了制造祸害，然而由此诉讼案件增多了，那正是因为酒的流传而产生的灾祸啊！正因为这个缘故，所以从前的帝王规定了饮酒的礼节仪式，一种本来非常简单的礼节，一席之间主人和客人交拜近于百次，整天饮酒都不会醉倒，这是为了预防饮酒出祸事啊！"

陈公子完⑦奔齐，饮桓公酒，乐。公曰："以火继

---

① 《礼》：书名。指《礼记》。

② 豢（huàn）：喂养（牲畜）。

③ 狱讼：诉讼案件。

④ 益繁：更加多了。

⑤ 酒礼：一种饮酒的仪礼。

⑥ 百拜：一席之间，宾主交拜行礼近于百次，比喻很多。

⑦ 陈公子完：田敬仲，春秋时齐国大夫，齐桓公十四年（公元前672年）陈国内乱，他出奔到了齐国，被桓公任命为工政，其后代逐渐强大，传至田和，终于夺取齐国政权。

之。"辞曰："臣卜^①其昼，未卜其夜。"君子曰："酒以成礼，不继以淫义^②也！"

【译】陈国的公子完赶到齐国参加齐桓公摆设的酒宴，一边饮酒，一边欣赏歌舞音乐（一直到天黑）。齐桓公说："燃起灯火继续喝酒。"公子完推辞说："臣原先只想到白天喝酒的事，没有想到夜晚还要继续喝酒。"君子说："饮酒为了完成礼节，不可连续饮酒以致过分。"

齐桓公饮管仲^③酒，仲弃其半，曰："臣闻酒入舌出，舌出言失，言失身弃，臣以为弃身不如弃酒。"

【译】齐桓公和国卿管仲一起饮酒，管仲将酒喝了一半而放下另一半，说："臣听人说酒喝进嘴里，舌头就要跑出来，舌头跑出来，讲话就会有过失，讲话有过失，身份就会丢掉了。臣认为丢掉了身份，还不如丢掉酒为好。"

---

① 卜：预料。

② 淫义：超过合宜的程度，过分。淫，这里作动词用。义，合宜的道德或行为。

③ 管仲：管敬仲（？—公元前645年），春秋初期政治家，名夷吾，字仲，颍上（今安徽颍上）人，由鲍叔牙引荐，被齐桓公任命为卿，尊称"仲父"，辅佐齐桓公成为春秋时期第一个霸主，著有《管子》八十六篇。

邴原①旧能饮酒，以荒思废业断之，八、九年酒不向口②。

【译】邴原原来很能喝酒，因为有损思考问题荒废事业而戒掉了，八九年的时间滴酒不沾了。

陶侃③饮酒有定限，常欢有余而限已竭④。或劝少进。侃凄怅⑤良久，曰："年少曾有酒失，亡亲见约⑥，故不敢踰⑦。"

【译】陶侃喝酒规定有一定限量，常常在喝得高兴的时候而限制自己不再喝了。这时碰到了人劝他再少加一点酒，

---

① 邴原：后汉朱虚（今山东临朐东南）人，字根矩，后归附曹操，官任五官将长吏，闭门自守，非公事不出家门。

② 向口：入口，吃、喝东西。

③ 陶侃（公元259—334年）：东晋庐江浔阳（今江西九江）人，字士行（或作士衡），勤慎吏职，四十年如一日，不喜欢饮酒、赌博，经常勉励人要爱惜光阴。

④ 竭：完；尽。

⑤ 凄怅：悲伤难过。

⑥ 亡亲见约：据《晋书·列女传》记载："侃（陶侃）少为浔阳县吏，尝监鱼粮，以一封鲊遗母，湛氏还鲊及书责之。"湛氏是陶侃父亲陶丹之妾，生活非常节俭。陶侃做了大官，她仍然过着俭朴的生活，以至于儿子送一坩（一种盛东西的陶器）鲊（腌鱼），不但不吃反而写信责备儿子侈奢。陶侃宴请朋友范逵，她暗暗阻拦并改换太好的酒和菜肴。亡亲见约，指的是湛氏对陶侃的教诲。

⑦ 踰：超过。这里是违反的意思。

陶侃悲伤难过了好久，说："年轻的时候曾经有过因喝酒而引起的过失，去世了的母亲对我有过规定，所以不敢违背母亲的教诲。"

刘玄明①为山阴②令，告新尹③曰："作县唯日食一升④饭，而莫饮酒，此为第一策。"

【译】刘玄明在担任山阴县令的时候，告诫新来接替县令的付翔说："当县令的每天只吃一升米的饭，不要喝酒，这是最好的办法。"

王肃⑤家诫⑥曰："凡为主人饮客，使有酒色⑦而已，无

---

① 刘玄明：南齐临淮人，为山阴令，很有做官的才能。付翔（huì）接替他的职务，向他请教为官之道。刘玄明临别时对付翔说："作县惟日食一升饭，而莫饮酒。"

② 山阴：古县名，因在会稽山的北面（古时称山的北面为阴）而得名，即今浙江绍兴。

③ 新尹：新来的县令付翔。参见"刘玄明"。

④ 一升：一斗的十分之一为一升。

⑤ 王肃：三国魏国的经学家，字子雍（公元195—256年），东海（今山东炎城西南）人，官任中领军，加敬骑常侍，司马昭的岳父。

⑥ 家诫：对家族、子弟告诫的话。

⑦ 酒色：饮酒之后脸上浮现出的颜色，即酒容，醉态。

使至醉。若为人所强，必退席长跪①，称父诫以辞之。敬仲②辞君③，而况于人乎？"

【译】王肃的家规说："凡是作为主人让客人喝酒，让客人脸上有了酒容就够了，不要叫客人喝到醉了。如果被别人强行劝酒，必定退席长跪，推说父亲对自己有不准多喝酒的规定，婉言谢绝。受人尊敬的齐国上卿管仲还可以谢绝国君齐桓公，更何况对普通的人呢？"

高允④被敕⑤，论集往世酒之败德者以为《酒训》。孝文⑥览而悦之。

【译】高允按孝文帝命令，评论和收集历史上关于因为饮酒而败坏道德的事例，编成《酒训》这部书。孝文帝看了这部书之后非常高兴。

① 长跪：古时席地而坐，两膝据地以臀部着足跟，跪时则伸直腰部，以表示庄重，故称为长跪。

② 敬仲：指管仲。

③ 君：指齐桓公。

④ 高允：北魏渤海蓨（今河北景县）人，字伯恭（公元390—487年），初被征为中书博士，迁侍郎，授太子经书，曾与崔浩共同修撰国史，后崔浩因国史案被杀，他因太子尝救得以幸免。文成帝时，位至中书令。文明太后临朝，引他参与决定大政，前后经历五个帝王，历任要职五十余年。

⑤ 敕（chì）：指皇帝的命令或诏书。

⑥ 孝文：孝文帝元宏。

柳玭①戒子弟曰："崇好优游，耽嗜曲蘖②，以衔杯③为高致④，以勤事⑤为俗流，习之易荒⑥，觉已难悔。"

【译】柳玭告诫孩子说："特别喜欢摆出高贵的架势四处游逛，过分地喜好美酒，以嘴不离酒杯为高尚的情趣，以勤劳俭朴为低级下贱的行为，像这样长期逸乐过度，容易荒废学业，要醒悟改悔就非常困难了。"

范公⑦质诚⑧子曰："戒尔勿嗜酒，狂药⑨非佳味。能移谨厚性，化为凶险类。古今倾败⑩者，历历⑪皆可记。"陈

---

① 柳玭（pín）：唐僖宗、昭宗大臣，为官耿直清廉，历任太补阙、吏部侍郎、御史大夫。文德元年（公元888年）昭宗想任命他为宰相，但因中官所谮而没有成功，反而被判罪贬任庐州刺史。乾隆四年（公元1739年）校刊钦定《旧唐书》卷二百六十之六十五列传第一百一十五记载有"御史大夫玭尝著书诫其子弟曰：'其四，崇好优游，耽嗜曲蘖（niè），以衔杯为高致，以勤事为俗流，习之易荒，觉得难悔'"之句。

② 耽嗜曲蘖：过分地喜欢饮酒。耽嗜，过分地喜好。曲蘖，代指酒。

③ 衔杯：嘴巴衔着酒杯，比喻特别喜欢饮酒。

④ 高致：高尚的情趣。

⑤ 勤事：勤劳工作。

⑥ 易荒：容易荒废。原作"以荒"，根据乾隆四年钦定本改。

⑦ 范公：指范仲淹。

⑧ 质诚：当面直率地告诫。

⑨ 狂药：酒，语出《晋书·裴楷传》。

⑩ 倾败：彻底毁灭、失败。

⑪ 历历：分明可数。

瓘①有斝②余酒量，每饮不过五嚼③。虽会视戚，间有欢适④不过大白⑤满引⑥，恐以长饮废事。每日有定课⑦，自鸡鸣而起，终日写阅不离小斋⑧，倦则就枕，既寤即兴，不肯偃仰枕上。每夜必置引灯⑨于床侧，自提就案，不呼使者。

【译】范仲淹当面直率地告诫儿子说："告诫你不要贪酒，酒并不是真正的美味，酒能够改变人的谨慎诚实厚道的性格，变化成凶恶危险的东西。古代和当今因喝酒而堕落失败的人，一个一个清清楚楚地都应该记住，不要忘记。"陈瓘有能够喝一升多的酒量，但他喝酒每次不超过五杯，即使是拜访亲戚好友，抑或是在空闲的时候饮酒，但都不超过一大满杯，因为他担心过多地喝酒会耽误了要做的事情。他每天规定了自己要做的事情，从雄鸡啼叫报晓就起床开始写作，整天写文章和阅读书籍，不离开他的那间小书房，困倦

① 陈瓘（guàn）：人名，生平不详。

② 斝（dǒu）：同"斗"，一种古代酒器。

③ 五嚼：五杯。

④ 欢适：酒。

⑤ 大白：酒杯的名字。指古代一种酒盏，比较大的酒具。

⑥ 满引：引弓至满，语出《汉书》："皆引满举白，谈笑大噱。"酒装满酒杯叫"引满"，也称"满引"。

⑦ 定课：规定应该完成的事。

⑧ 小斋：小书房。

⑨ 引灯：用来照路的灯笼。

了就睡觉，如果睡醒了马上就起来，不愿意醒着躺在床上。每天夜晚他定要放一只用来照路的灯笼在床旁边，自己提着放在矮长桌子上，不呼喊仆人。

张文忠公^①饮量过人，太夫人^②年高颇忧之。贾存道^③虑^④其以酒废学生疾，示以诗曰："圣君恩重龙头^⑤选，慈母年高鹤发垂。君宠母恩俱未报，酒如成疾悔可追。"文忠自是非对亲客不饮，终身不至醉。

【译】张文忠酒量超过一般人，他的母亲年纪很大非常担忧这一点。贾存道担心张文忠因为喝酒而荒废学业生了疾病，就写了一首诗给他看。诗是这样说的："皇上恩德重如山，选中你头名状元，慈祥的母亲年事已高，银白色的头发垂落。皇上的宠爱和老母的恩情都还没有报答，喝酒太多如果已经酿成了病态，如果悔悟还是可以弥补回来的。"张文忠从此以后不是对非常亲密的客人就不再喝酒了，一生都没有醉过。

① 张文忠公：张商英，字天觉，北宋大臣，历任监察御史，大观中年为尚书右仆射，后贬任河南知府。

② 太夫人：这里指张文忠的母亲。

③ 贾存道：贾同，字希德，北宋临淄（今山东淄博东北）人，进士，颇有学问和名气，曾任兖（yǎn）州（今山东中部）通判、棣州（今山东惠民）知府。

④ 虑：担心。

⑤ 龙头：状元的别称。

北齐文宣①与左右饮，曰："快哉！大乐！"王纮②曰："长夜荒饮不悟，国破亦有大苦。"帝默然。

【译】北齐文宣帝高洋和身边的大臣一起饮酒，说："痛快！真是太高兴了！"王纮说："通宵没有节制地饮酒而不悔悟，国家破碎也一定会带来极大的痛苦。"文宣帝听到之后沉默不语。

商受③沈酗④，上天降丧。羲和⑤酒荒⑥，胤侯⑦徂征⑧。郑大夫伯有⑨掘地筑室为长夜饮⑩，子晳⑪伐而焚之，死于羊

① 文宣：北齐文宣帝高洋（公元529—559年），北齐的建立者，开初即位颇留心治理国家，但是六七年后，以功业自居，沉湎酒色，以淫乱残暴著称。

② 王纮（hóng）：北齐狄那（今山东高青东南）人，字师罗，北齐大臣。

③ 商受：商纣王，古代暴君，沉湎酒色，荒淫无度。

④ 沈酗：饮酒无度。

⑤ 羲（xī）和：古代传说中唐尧时执掌天文历法的官吏。《尚书·胤征》载：夏朝仲康时代的羲和因沉湎于酒，昏迷天象，没有能够预报日食，引起了老百姓的巨大恐慌，仲康命人治他的罪。

⑥ 酒荒：沉湎于酒。

⑦ 胤（yìn）侯：古代爵位名。秦制二十等爵的最高一级。

⑧ 徂（cú）征：征伐治罪。

⑨ 伯有：春秋时郑国大夫良霄，字伯有。

⑩ 长夜饮：通宵宴饮。

⑪ 子晳：人名，生平不详。

肆①。楚子反②为司马③，醉而寝，楚王④欲与晋战，召之，辞以心疾。王⑤径入幄⑥，闻酒臭，曰："今日之战所恃⑦者司马，而醉若此，是亡国而不恤吾众也！"射杀之。周顗⑧饮酒大醉，腐肋而死。灌夫⑨酒酣骂座⑩，武帝⑪伏诛⑫。故裴日休⑬目酒之道，上为淫溺所化，化为亡国；下为凶酣所化，化为杀身。

【译】商纣王沉湎酒色，荒淫无度，上天给他降下灭亡。羲和沉湎于酒，昏迷天象，没有能预报日食，仲康命人

① 羊肆：古时人处死刑后把尸体放在街上示众。

② 子反：春秋时楚共王司马，即公子侧。"鄢陵之战"楚共王被晋厉公寿曼射中眼睛，险些被俘，楚军战败。楚共王召见子反商议战略，子反因喝醉了酒而不能相见。楚军救郑不成只好在夜晚退兵。楚共王回师之后，以造成楚军失败的罪名将子反杀死。

③ 司马：掌管军政和军赋的官名。

④ 楚王：指楚共王。

⑤ 王：指楚共王。

⑥ 幄（wò）：帐幕。

⑦ 恃：依靠，依赖。

⑧ 周顗（yǐ）：晋汝南安城（今河南平舆南）人，字伯仁（公元269—332年），官至尚书左仆射，因经常酒醉不醒，被人叫作"三日仆射"。

⑨ 灌夫：西汉颍（今河南许昌）人，字仲孺（？—公元前131年），因使酒骂座，侮辱丞相田蚡（fén），被劾为不敬，满门抄斩，株连九族。

⑩ 骂座：谩骂同座的人。

⑪ 武帝：指武帝刘彻。

⑫ 伏诛：因犯法而被杀死。

⑬ 裴日休：人名，生平不详。

治他的罪。郑国大夫伯有专门为通宵达旦地饮酒取乐而挖开地面做起房子，子皙带兵讨伐他，把房子放火烧掉了，并将伯有杀死后把尸体放在街市上示众。子反担任楚共王的司马，他喝醉了酒后睡着了。此时，楚共王打算与晋军交战，召见他商量战略决策。他推辞说心里不舒服，有病而没有去。楚共王直接进到子反住的帐幕，闻到一阵酒味，说："今天和晋军打仗所依靠的司马醉成这个样子，这是注定要灭亡我的国家而不怜悯我的百姓啊！"说完拔出弓箭将子反射死了。周颛饮酒喝得大醉，结果肺部腐烂而死。灌夫饮酒太多，得意忘形谩骂丞相田蚡，就是因为这件事情汉武帝刘彻将灌夫满门抄斩，株连九族。所以裴日休评论酒的害处是上至君王淫溺，引起亡国的原因；下到臣子贪酒无度，引起杀身之祸的根源。

元右相①阿沙不花②见武帝③容色日悴，谏④曰："八珍⑤

① 右相：右丞相。元朝初年曾设左、右丞相，后废除。

② 阿沙不花：元朝康里国王族，十四岁时即入宫侍奉元世祖忽必烈，非常聪敏有才气，武宗时累官枢密院。

③ 武帝：元帝武宗奇渥温海山，公元1308—1311年在位，死时年仅31岁。

④ 谏：规劝君王、尊长或朋友，使之改正错误和过失。

⑤ 八珍：八种珍贵的食物。《周礼·天官·膳夫》："珍用八物。"郑玄注："珍，谓淳熬、淳母、炮豚、炮牂（zāng）、捣珍、渍、熬、肝膋（liáo）也。"

之味不知御①，万金②之身不知爱，惟曲蘖是好，嬛嫔③是耽，是犹两斧伐孤树，未有不颠仆④者。"次年⑤，帝崩⑥，寿三十一。

【译】元朝右丞相阿沙不花看见元帝武宗奇渥温海山面容日渐黄瘦，规劝武帝说："八珍的美味不知道控制，极其珍贵的身体不知道爱护，只有美酒才是自己的爱好，沉醉于嫔妃美人的姿色，这好比两把锋利的斧子砍伐孤独的树木，没有不倒下去的。"第二年，元武帝就死了，年龄只有三十一岁。

经⑦云：若常愁苦，愁遂增长。如人喜眠，眼则滋多。贪淫嗜酒，亦复如是。

【译】佛经说：如果经常发愁苦恼，忧愁就会更多，如果一个人喜欢睡觉，瞌睡就会多。过于沉溺嗜酒淫色，也与

---

① 御：控制，抵御。

② 万金：比喻极其珍贵。

③ 嬛嫔：古代宫庭中的女子。嬛，爱好而沉浸其中。

④ 颠仆：倒下去。

⑤ 次年：过了一年，第二年。

⑥ 崩：古代帝王或王后死了叫"崩"。

⑦ 经：指佛经。

发愁和睡觉是一样的。

酒失①最上②破坏善法③，宁以利刀断于舌根④，不以此舌说⑤染欲事。

【译】醉酒的最大害处是破坏好的制度法规，宁可用锋利的刀子割断舌根，也不用这个舌根去做沾染酒的美味这种事情。

喜饮酒醉，堕佛屎泥犁⑥之中，罪毕得出，生猩猩中，后得为人，顽⑦无所知。

【译】喜欢喝酒喝得醉醺醺的，将堕落在地狱当中，罪行期满才能够脱胎出世，转生变成猩猩，即使脱胎变成人，也是愚笨没有智慧的。

---

① 酒失：酒醉中过失。

② 最上：佛家语，至极也。

③ 善法：佛家语。佛家认为，五戒十善为世间之善法，三学六度为出世间善法，浅深虽异，而皆为顺理益己之法，故谓之善法。

④ 舌根：佛家语，五根之一。佛家认为眼、耳、鼻、舌、身为五根，由根生情识，称为五情。

⑤ 说（yuè）：喜欢，高兴。

⑥ 佛屎泥犁：佛教用语，意即地狱，为十六界中最坏的境界。

⑦ 顽：愚笨没有智慧。

善来比丘①证阿罗汉降伏毒龙，后饮浆中酒大醉，遂失神通②，不能降鳝，岂复能降龙也！

【译】善来比丘证阿罗汉原先能够降伏毒龙，后来喝醉了酒，于是失掉了无所不能的力量，连黄鳝都不能降伏，难道还能够再降伏毒龙吗？

洪州③廉使④问马祖⑤曰："吃酒肉即是，不吃即是？"祖曰："若吃是中丞⑥禄，不吃是中丞福。"

【译】洪州按察使问马祖说："喝酒吃肉对，还是不喝酒不吃肉对？"马祖回答说："喝酒吃肉是您的享受，不喝酒不吃肉是您的幸福。"

① 比丘：佛教名词。佛教出家五众（其余四众为比丘尼、沙弥、沙弥尼、式叉摩那）之一，指已受具足戒的男性。

② 神通：古印度各教认为修行有成就的人，能具备各种神妙的能力，叫作神通。佛经上说，仙人有五通，罗汉有六通，具有无所不能的力量。

③ 洪州：古州名，唐代辖境相当于今江西修水、锦江流域和南昌、丰城、进贤等地。

④ 廉使：对按察使的尊称。按察使，官名，实际上为各州刺史的上级。

⑤ 马祖：唐代佛教禅宗高僧，名道（公元709—788年），本姓马，故后世称马祖或马祖道一。

⑥ 中丞：官名，汉代御史大夫的属官有中丞，受公卿奏事，举劾案章，后御史大夫转为大司空，中丞即为御史台之长，历代多数都是这样沿革设置的。这里是对"洪州廉使"的尊称。

崇真宫道士龚尚贤①饮烧酒过多，向卧②吃灯，引火入喉中烧死。大抵酒皆有火，非但烧酒也！母族曹翁居京师，九十余，步履如壮。人问其量，酒涓滴不饮。可知酒之能损寿矣！

【译】崇真宫有个叫龚尚贤的道士喝烧酒太多，将要睡觉之前想把灯吹灭，结果把火引进喉咙被烧死了。大概是酒都含有火，不仅仅是烧酒。一位与我母亲同姓同辈分的老人住在京城，九十多岁了，走起路来仍然如同壮年人一样。别人问他能喝多少酒，其实他滴酒都不沾。从这件事中，我们可以懂得酒能够损害身体、减少寿命的道理！

金仁山③曰："夫④人敬则不纵欲，纵欲则不敬。商之君臣一本于敬，举天下之物不足以动之。况敢荒败于酒乎？"

【译】金仁山说："人严肃、慎重就不放纵欲望，放纵欲望就不严肃、慎重。南朝的君王和臣子一贯坚持严肃、慎重，天下所有的事物都不能够牵动他们的欲望，怎么会因为酒而令国家灭亡呢？"

① 龚尚贤：人名，生平不详。

② 向卧：将要睡下。

③ 金仁山：人名，生平不详。

④ 夫：语气助词。

薛文清^①曰："酒、色之类，使人志气昏酣^②荒耗^③，伤生败德，莫此为甚。俗以为乐，余不知果何乐也？惟心清欲寡，则气平体胖，乐可知矣！"

【译】薛文清说："酒和女色这一类东西，使人志气惑乱、消耗精力、损害生命、败坏道德，抛弃这些坏习惯才是最好的。一般的人认为饮酒和迷恋女色才是愉快的事情，我不知道这真有什么值得高兴的地方？只有思想洁净、很少欲望，才能心平气和、身体健壮，愉快是可想而知的。"

活人心^④云："酒虽可以陶情性、通血脉，然招风败肾、烂肠腐肋^⑤，莫过于此。饱食之后，尤宜戒之。饮酒不宜粗及速，恐伤肠破肺。肺为五脏^⑥之华盖^⑦，尤不可伤。当酒未醒，大渴之际，不可吃水及啜茶。多被酒引入肾藏，

---

① 薛文清：薛瑄（公元1389—1464年），明朝学者，字德温，号敬轩，河津（今属山西）人，永乐进士，官至礼部右侍郎，著有《读书录》《薛文清集》。

② 昏酣：惑乱无度。

③ 荒耗：荒废完了。

④ 活人心：人名，生平不详。

⑤ 肋：胸部的两侧。

⑥ 五脏：心、肝、脾、肺、肾五个脏器的总称。中医学认为五脏具有藏精气的功能，分别与躯体的某些组织器官有着密切的关系，五脏的生理作用虽各有其不同特点，但又互相联系，以维持人体的生理活动。

⑦ 华盖：帝王的车盖。这里形容肺部是五脏中最上面和最为重要的器官。

为仃毒之水，遂令腰脚重坠、膀胱冷痛，兼水肿消渴①挛躄②之疾。"

【译】活人心说："酒虽然可以振奋人的精神，疏通人体内血液运行的脉道，然而它却会招致疾病损害肾脏、腐烂肠子和肺部，好处只有这么多，而害处却不少。人吃饱了以后，特别应该注意不要喝酒。喝酒不宜太多和太急，否则会损伤肠胃和刺破肺部。肺是心、肝、脾、肾、肺五脏中最重要的部分，好比帝王车子的车盖，特别不能够损伤。如果喝酒醉了还没有醒，口渴得特别厉害的时候，不能够喝水以及喝茶。这时候喝进的水或者茶多数被酒引入了肾脏，变成贮藏毒素的水，会使腰痛沉坠、脚抬不起来，膀胱也会暗暗地发痛，随之就会发生浮肿、手脚屈曲不能行动、染上了糖尿病。"

杀生崇饮③，口腹类也，故附列焉。或曰天地生物养人，先王为酒合欢，儒者所不禁也。二戒之示，几逃禅④

---

① 消渴：指糖尿病。

② 挛躄（bì）：手脚屈曲不能行动。

③ 崇饮：大量地饮酒。

④ 逃禅：逃避世事，皈依佛法。

矣！如废礼何？嗟夫^①！舜德好生，禹疏仪狄^②，圣人未始不戒也！即不然，若^③东坡食自死肉，陶侃饮自有定限，如何必以此迂论迦谈^④而漫不知检？是假^⑤归儒之名，以文^⑥其肆无忌惮^⑦之行也而可乎！

【译】杀死动物的生命，大量地饮酒，是有关嘴巴和肚子一类的事情，所以附带把这些写下来。有人说，上天和大地生成了万物，养育了人类，古代帝王造酒是为了大家联络感情，儒者是不禁止的，戒杀生、戒饮酒的教育近乎是逃避世事皈依佛家了，如果这样做，儒家的礼法怎么办呢？唉！上古帝王舜的品行道德是爱护生灵，夏代第一个君主禹疏远仪狄，古代道德智能极高的帝王都没有不戒除杀生和饮酒的。即使万一不能完全做到，也应像苏东坡那样吃自己死了的动物的肉，像陶侃那样饮酒自己规定一个限度。为什么一定要把戒杀生、戒饮酒当作不切实际的空话，而随随便便一

① 嗟夫：可叹啊！

② 仪狄：传说禹时制造酒的人。《国策·魏策》："昔者，帝女（按《名义考》讲'帝女'之'帝'即禹）令仪狄作酒而美，进之禹，禹饮而甘之，遂疏仪狄，绝旨曰：'后世必有以酒亡其国者。'"

③ 若：像，如。

④ 迂论迦谈：不切实际的空谈。

⑤ 假：假借，依托。

⑥ 文：掩饰过错。

⑦ 肆无忌惮：任意妄为，毫无顾忌。

点也不晓得检点、约束自己？这是假借崇奉儒家，来掩饰自己任意妄为啊！